ERFOLGSMODELL TRAXX

Collage aus vielen kleinen TRAXX-Fotos (187 009, Innotrans 2014).
Foto: J. Hörstel

Als der Bombardier-Konzern im September 2003 mit einer Pressemitteilung den neuen Markennamen TRAXX und den Slogan „Ab sofort hat Zugkraft einen Namen" einführte, war die Produktion der Baureihe 185 für die DB AG bereits in vollem Gange. Inzwischen sind unter diesem Begriff zahlreiche Versionen eines „Plattform"-Konzepts zusammenzufassen, einschließlich der Vorgänger-Baureihe 145. Im Internet finden sich auch mehr oder weniger sperrige Erklärungen wie „transnational railway applications with extreme flexibility" (Quelle: Wikipedia). Dies ist jedoch keine offizielle Aufschlüsselung. Vielmehr ist TRAXX keine Abkürzung, sondern das Ergebnis eines internen Wettbewerbs unter Bombardier-Mitarbeitern. Damit sollten sowohl die Begriffe *Traktion*, *tracks* als auch *attractive* verbunden werden, nicht zuletzt die konjugierten Formen des lateinischen *trahere* für Ziehen oder Schleppen – der zentralen Tätigkeit einer Lok.

Entwicklung und Bau der TRAXX-Loks sind eine Gemeinschaftsaufgabe der Bombardier-Werke in der Schweiz, in Polen und in Deutschland. Hier findet die Endmontage im traditionsreichen Werk Kassel statt, der ehemaligen Henschel-Lokomotivfabrik, die nach mehreren Übernahmen ab 1976 zu Thyssen Henschel, ab 1990 zu ABB Henschel sowie ab 1996 zu ABB Daimler-Benz Transportation (ab 1998 „Adtranz") gehörte. Im Jahr 2000 schließlich verkaufte Daimler-Benz den Lokomotivbau an den kanadischen Konzern Bombardier. Das Bombardier-Werk in Vado Ligure, das 1905 von Westinghouse eröffnet wurde und ab 1919 einer italienischen Tochtergesellschaft des Schweizer Konzerns Brown, Boveri & Cie gehörte, konzentriert sich schwerpunktmäßig auf den italienischen und spanischen Markt sowie auf die reinen Gleichstrom-Versionen.

Eines der Ziele der TRAXX-Plattform ist die Verwendung möglichst vieler gleichartiger Teile in unterschiedlichen Lokvarianten – mit den daraus folgenden Vorteilen bei der Wartung und der Ersatzteilbevorratung. Inzwischen fahren über 1600 TRAXX-Loks erfolgreich in vielen europäischen Ländern zwischen Skandinavien und Südeuropa. Neue Aufträge werden zur weiteren Verbreitung z.B. in Südafrika führen, während ähnliche Bombardier-Triebfahrzeuge bereits in Nordamerika oder China im Einsatz sind.

In dieser Sonderausgabe werden die wesentlichen Entwicklungsstufen und Einsatzgebiete der TRAXX-Familie einschließlich ihrer Vorläufer dargestellt und dabei auch einzelne Besonderheiten bei Fahrzeugtypen, Eigentümern, Farb- und Technikvarianten beispielhaft beleuchtet.

Für die Unterstützung mit vielfältigen Informationen ist Bombardier an dieser Stelle ein herzlicher Dank auszusprechen, vor allem Frau Imke Koch, Frau Thea Lautenschlaeger sowie Herrn Peter Honegger. Ganz besonders danken wir Herrn Karl-Heinz Buchholz, der an der Konstruktion vieler TRAXX-Typen beteiligt war und die zahlreichen Fragen der Autoren fundiert beantwortet hat.

Jürgen Hörstel
Richard Latten
Thomas Wohlfarth

Miete statt Kauf

Für private Eisenbahnverkehrsunternehmen ist es naheliegend, Lokomotiven für den Güterverkehr zu leasen statt zu kaufen und sich so ein hohes Maß an Flexibilität zu sichern. Aber auch Staatsbahnen mieten zuweilen Triebfahrzeuge.

Bis über den Polarkreis

2008 wurden erstmals Güterzüge von Deutschland über Dänemark nach Schweden ohne Lokwechsel mit TRAXX-Zweisystemloks gefahren. In Nordeuropa stellen die klimatischen Verhältnisse erhöhte Anforderungen, technische Anpassungen waren erforderlich.

Über die Alpen

Die Viersystemversion vereinfachte ab 2004 den alpenquerenden Güterverkehr durch die Schweiz und Österreich nach Norditalien. Im Jahr 2006 stand für das italienische Streckennetz eine TRAXX-Gleichstromvariante zur Verfügung.

TITELFOTOS: J. Hörstel (4)

FOTOS DIESER DOPPELSEITE:
J. Hörstel (3) und A. Hitfield (2)

Die TRAXX-Evolution

Der Rollout der 145 001 fand 1997 statt. Später folgten stärker motorisierte Ausführungen, Mehrsystemvarianten und Lokomotiven mit dieselelektrischem Antrieb.

Die dritte Generation

Last Mile und Multi Engine sind die Stichworte für die beiden jüngsten TRAXX-Typen: eine Elektrolok mit einem Zusatzdiesel und eine viermotorige Diesellok, deren Motoren bedarfsgerecht ein- und wieder ausgeschaltet werden.

BLS Cargo. Gli Alpinisti.
bls
cargo

Foto: K. Eckert

Die von Lokomotion angemieteten TRAXX-Viersystemlokomotiven 486 503 von BLS Cargo und 186 286 der Leasingfirma Railpool überqueren am 2. November 2014 mit einem KLV-Güterzug nach Wuppertal die Angertalbrücke auf der Tauern-Nordrampe.

Mit dieselelektrischen TRAXX DE und Doppelstockwagen aus dem niedersächsischen Landes-Fahrzeugpool führt Metronom seit Dezember 2007 den Reisezugverkehr auf der Strecke Hamburg – Cuxhaven durch (246 004 mit ME 81518 nach Hamburg bei Hemmoor, 8. März 2014).

Foto: Jürgen Hörstel

Deka
DB
146 553-3

Foto: A. Hitfield

Die 160 km/h schnelle 146 553, eine TRAXX P160 AC2 in Lackierung für den DB-Fernverkehr, wurde im März 2013 auf einer dreitägigen Messfahrt verschiedenen Softwaretests unterzogen. Die Aufnahme zeigt sie in Frankfurt (M) Hbf.

DB SCHENKER
MAN
HA DB 9999
V8
DB SCHENKER
DB SCHENKER

Foto: Jürgen Hörstel

DB Schenker demonstrierte auf der Transport Logistic 2013 in München die Leistungsfähigkeit der Schwerlasttransport-Sparte: Mit einem 14-achsigen Schwerlastwagen und einer MAN-Zugmaschine wird die 187 003, eine TRAXX AC3 mit Last-Mile-Modul, zum Ausstellungsplatz gefahren.

PLATT-FORM-KONZEPT setzt sich durch

Die Erfolge bei der Entwicklung der Drehstromantriebstechnik machten den Weg frei für Universallokomotiven, die sowohl Reisezüge mit Tempo 200 als auch schwere Güterzüge ziehen konnten. Da solche Alleskönner in der Beschaffung jedoch vergleichsweise teuer sind, bestellte die DB in den 1990er Jahren für die Sparten Fern-, Nah- und Güterverkehr unterschiedliche Loktypen.

Die Drehstromlokomotiven der DB-Baureihe 120 waren die ersten Universalloks (Prototyp 120 005 mit IC Nürnberg – München, 1982). *Foto: J. Nelkenbrecher*

Bei der Deutschen Bundesbahn bildeten die in großen Stückzahlen ab Mitte der 1950er Jahre beschafften Einheits-Elektrolokomotiven der Baureihen E 10, E 40, E 41 und E 50 jahrzehntelang das Rückgrat des elektrischen Betriebs. Ab 1970 kamen die Schnellfahrloks der Baureihe 103, die als Nachfolger für die E 10 und E 50 gebauten Typen 111 und 151, die Zweisystem-181.2 sowie die Drehstromloks der Baureihe 120 hinzu.

An neue Loktypen hatten Bahngesellschaften schon immer den Anspruch gestellt, diese mit höherer Leistung bei geringeren Instandhaltungsaufwendungen möglichst universell einsetzen zu können. Eine Lösung schienen die vergleichsweise leichten und verschleißarmen Drehstrommotoren zu sein, mit denen es bereits vor über 110 Jahren Versuche durch AEG und Siemens gegeben hatte. Problematisch war aber in erster Linie die schlechte Steuerbarkeit in wenigen starren Geschwindigkeitsstufen. Erst ab den 1960er Jahren brachten neuartige Techniken der Regelelektronik Fortschritte auf diesem Gebiet. 1963 begann die Firma Henschel in Kassel gemeinsam mit BBC in Mannheim, ein neues Universallok-System mit Drehstromleistungsübertragung zu entwickeln, was 1970/71 in die drei dieselelektrischen DE-2500-Protoypen mündete, die bei der DB als 202 002 bis 004 bezeichnet wurden. Da die Ingenieure der Lösung des Hauptproblems, nämlich der Regelbarkeit der Zugkraft, schon deutlich näher gekommen waren, stellen diese drei Maschinen einen revolutionären Meilenstein als Wegbereiter der späteren Drehstromloks dar.

Die Weiterentwicklung der Drehstromtechnik führte 1979 zum Bau der fünf Vorserien-Maschinen der DB-Baureihe 120.0, denen von 1987 bis 1989 die 60 Serienloks der Baureihe 120.1 folgten. Als Anfang der 1990er Jahre die zunehmende Überalterung des DB-Lokomotivparks nicht mehr zu übersehen war, weckte die 120 große Hoffnungen als Universallok, die tagsüber im schnellen Personenfernverkehr, nachts auch vor schweren Güterzügen eingesetzt werden sollte. Bei der Ausschreibung für neue, universell einsetzbare Lokomotiven unter dem Arbeitstitel „Baureihe 121" ging die DB 1991 noch davon aus, bald größere Stückzahlen von nur einer Baureihe bestellen zu können. Die Angebote der Industrie waren aufgrund der hohen Anforderungen der DB jedoch zu teuer. Letztendlich wäre ein derartiger „Alleskönner" für viele Aufgaben auch überdimensioniert gewesen. Zudem war im Vorfeld der Bahnreform abzusehen, dass die DB in verschiedene Geschäftsbereiche u.a. für Fern-, Nah- und Güterverkehr aufgeteilt wird, die an künftige Lokomotiven jeweils individuelle Anforderungen stellen werden. Damit und mit dem zunehmenden Einsatz von Triebkopfzügen und Triebwagen im Reisezugverkehr war prinzipiell der Abschied von der Idealvorstellung einer Universallok eingeläutet.

Die Ende 1993 erfolgte zweite, nunmehr europaweite Ausschreibung gab den Bietern zwar mehr Freiraum für eigene Vorschläge, stellte aber gleichzeitig die Industrie auch vor neue Herausforderungen. Mehr als früher war Vorleistung gefragt, was sich Anfang der 1990er Jahre in den neuen Entwicklungen bis hin zum Bau von Prototypen auf eigene Rechnung zeigte. ABB Henschel konzipierte damals für die ausgeschriebene Baureihe 121 verschiedene Varianten mit Leistungen von 6,4 bis 7,0 MW, Drehstrom-Asynchron-Fahrmotoren mit GTO-Hochleistungsstromrichtern und umweltfreundlichen Kühlmitteln. Zwar baute Henschel keine eigenen Prototypen, erprobte aber die neue GTO-Stromrichter- und Leittechnik zu jener Zeit in der 120 005, die „Flexifloat"-Drehgestelle mit Zugkraftübertragung durch Zug-Druckstangen und dem „Integrierten Gesamtantrieb" (IGA) in der 120 004. Die AEG hatte 1992 das LEW-Werk in Hennigsdorf bei Berlin zurückerworben und trieb dort eigene Entwicklungen voran. Ergebnis war der am 30. Juni 1994 in Hennigsdorf präsentierte Erprobungsträger „12X" (128 001). Wassergekühlte Traktionsstromrichter und eine Antriebssteuerung mit Einzelachsantrieb waren zuvor in der 120 002 getestet worden, der neu entwickelte „Gealaif"-Antrieb (Verbindung von Drehstrom-Asynchronmotor und Getriebe) sowie neue Hilfsbetriebeumrichter in einer 120.1. Die Arbeiten von Krauss-Maffei/Siemens in München führten zum Bau des Prototyp 127 001 als Basis der späteren „Eurosprinter"-Plattform.

Die Baureihe 120 blieb entgegen den Erwartungen eine stückzahlmäßig relativ kleine Baureihe, war aber einer der wichtigsten Schritte auf dem Weg zur heute gängigen Antriebs- und Steuerungstechnik und damit auch zur TRAXX-Plattform. Aus der ursprünglichen Universallok-Idee entwickelte sich infolge der technischen Fortschritte, aber auch durch die organisatorischen Änderungen innerhalb der DB eine größere Lokfamilie für individuelle Einsatzzwecke. Das DB-Beschaffungsprogramm von 1993 sah drei verschiedene Baureihen vor, die 220 km/h schnelle Baureihe 101 für den Fernverkehr, die Baureihe 145 für den leichten Güterverkehr und die Baureihe 152 für schwere Güterzüge.

Für die 6,4 MW starke Baureihe 101 favorisierte die DB AG 1995 die Lösung von ABB Henschel und orderte 145 Exemplare als Ersatz für die stark belasteten Maschinen der Baureihe 103. Für den leichten Güterzugdienst bestellte die DB 80 Stück der Baureihe 145. Als erste der neuen Lokomotiven wurde die 101 001 im Rahmen eines Rollouts am 1. Juli 1996 im (damaligen) Adtranz-Werk Kassel offiziell vorgestellt. Ein Jahr später war der Rollout der ersten 145. Dritte im Bunde war die 152 001 von Krauss-Maffei/Siemens als erste „Eurosprinter"-Serienlok. Schon bald wurden diese drei Baureihen u.a. durch die Mehrsystemlokomotiven der Baureihen 182, 185 und 189 sowie die Baureihe 146, eine von der Baureihe 145 abgeleitete Version für den Nahverkehr, ergänzt. Bei allen Bauarten ist die Drehstromantriebstechnik Standard, wobei die Leistungselektronik gegenüber dem Stand der 1970er Jahre deutlich fortentwickelt wurde.

AEG-Erprobungsträger „12X" (128 001) am 22.8.1995 in Leipzig Hbf. *Foto: J. Hörstel*

Drei Jahre nach dem AEG-Versuchsträger 12X verließen die ersten 145er die Werkshallen in Berlin. Diese Baureihe stellt die Basis der TRAXX-Plattform dar. Zahlreiche Elemente wie Stromrichter, Drehgestelle und Antrieb waren in der Baureihe 120, in der 12X, aber auch in ICE-1-Triebköpfen erprobt und angewandt worden. In diesen TRAXX-„Gen-Pool" gehören auch die seit 1996 produzierte Baureihe 101 und die Re 460 und Re 465 der SBB bzw. BLS, die seinerzeit die „Octeon"-Plattform von Adtranz bildeten.

Jürgen Hörstel

DIE TRAXX-EVOLUTION

Die TRAXX-Familie startete im Jahr 1997 mit der 145 001, einer Einsystem-Elektrolok für den leichten Güterzugdienst. Später folgten stärker motorisierte Ausführungen, Mehrsystemvarianten und Maschinen mit dieselelektrischem Antrieb. Jüngster Spross der Familie sind Elektrolokomotiven mit einem Zusatzdieselmotor.

Im Gegensatz zu den früheren Zielen einer Universallok mit großer Leistung und hoher Geschwindigkeit wurde die Reihe 145 für den Güterzugbetrieb optimiert. Daher gibt es beim Antrieb zwei Entwicklungslinien: den Tatzlagerantrieb für Geschwindigkeiten bis zu etwa 140 km/h (inzwischen 160 km/h) sowie den Hohlwellenantrieb, der später in den Reisezug-Varianten (deutsche Baureihen 146 und 246, ungarische MAV-480 und Reihe 5170 der polnischen KM) zur Anwendung kam. Während die DB-Baureihe 145 noch eine reine Einsystemlok für 15 kV/16,7 Hz war, wurde das ab dem Jahr 2000 nachfolgende „Basismodell“, z.B. die DB-Baureihe 185, zusätzlich auch für 25 kV/50 Hz ertüchtigt. Im Bombardier-System wird diese Reihe als TRAXX F140 AC1 bezeichnet. (Im Kasten auf Seite 19 wird das Bezeichnungssystem vorgestellt.).

Ein größerer Evolutionsschritt erfolgte 2004/2005 mit der Variante TRAXX AC2 mit einem „Crashkonzept“ zum besseren Schutz des Lokführers entsprechend den neuen Vorgaben der „Technischen Spezifikation des transeuropäischen Hochgeschwindigkeitsbahnsystems“ (TSI HS). Erste so ausgestattete DB-Lok war die 185 201. Das Konzept und ein im Crashtest verformtes Frontteil waren zuvor auf der Innotrans 2004 präsentiert worden. Der neue Lokkasten, erkennbar an der begradigten Frontpartie, wurde 2004 auch schon für die SBB-Cargo-Re 484 verwendet, die als TRAXX MS2 prinzipiell eine erste Multi-System-Variante darstellt, auch wenn sie noch den Maschinenraum mit Mittelgang, zwei Stromrichterschränken und räumlich getrennten Hauptschaltern für Wechsel- und Gleichstrom hat. Da die Lok für den Schweiz-Italien-Verkehr vorgesehen war, erhielt sie nur die Ausstattung für 15 kV

Der Wagenkasten der 185 048 wird im Oktober 2001 im Werk Kassel per Kran zur nächsten Montagestation transportiert.

Verkabelungsarbeiten in einer TRAXX AC2 (Kassel, Januar 2005). *Fotos: J. Hörstel (2)*

Wechselstrom und 3 kV Gleichstrom. Weitere Neuerungen der Variante AC2 sind verlustärmere IGBT-Leistungshalbleiter bei den Stromrichtern mit umweltfreundlicher Wasserkühlung, ein neues modulares Bremssteuerungssystem sowie ein Zugbus-Konzept mit erweiterten Möglichkeiten bei der technischen Zugdiagnose, bei Flügelzugkonzepten oder bei automatischen Bremsproben.

Die nächsten Schritte erfolgten 2006 u.a. mit der Variante TRAXX MS2e, die in erster Linie durch ein neues Maschinenraumlayout gekennzeichnet ist. Dieses erlaubte es, einen einheitlichen Lokkasten für Diesel- und Elektroloks zu verwenden.

Blick auf das Dach einer TRAXX MS2e. *Foto: K.-H. Buchholz*

Mitte links: Die crashoptimierte Führerraumstruktur der TRAXX AC2 wurde nach dem Crashtest auf der Innotrans 2004 gezeigt.

Ganz oben: Frontpartien der DB-Baureihen 185.0 (rechts) und 185.2 (crashoptimiert; links) im Vergleich.

Der Einbau eines „E-PowerPack“ oder eines „Diesel-PowerPack“ lässt wahlweise eine Elektro- oder eine Diesellok entstehen. Das „E-PowerPack“ enthält den Trafo, ein Hochspannungsmodul mit den Hauptschaltern, den Stromrichter und die Kühlanlage mit den Wärmetauschern für Trafo und Stromrichter. Ein „Diesel-PowerPack“ umfasst die Komponenten Dieselmotor mit angeflanschtem Generator und die Kühlanlage für den Dieselmotor mit integriertem Wärmetauscher für den separaten Traktionsstromrichter sowie den Tank anstelle des Trafos. Beide PowerPacks haben die gleichen Schnittstellen zum einheitlichen Lokkasten, nicht benötigte Öffnungen werden durch dicht verschraubte Bleche abgedeckt. Eine Variante der Familie TRAXX MS2e sind die Gleichstromlokomotiven TRAXX DC für Italien, Spanien und Polen, bei welchen anstelle des Transformators die Drosseln in einem Kasten unterflur montiert sind, teils ergänzt durch Ballast.

Im Jahr 2006 erschienen auch die ersten dieselelektrischen Loks des Typs TRAXX P160 DE (Baureihe 246) für die LNVG und TRAXX F140 DE (Baureihe 285) z.B. für die HVLE. Sechs Jahre später folgte ein völlig neues Diesellok-Konzept in Form der TRAXX DE ME (Multi Engine), deren Entwicklung wesentlich durch verschärfte Abgasnormen angestoßen wurde, die sich mit kleineren Dieselmotoren leichter erfüllen lassen. 2011 wurde die erste TRAXX F140 AC3 mit „Last-Mile“-Modul auf der Messe transport logistic in München präsentiert. Nach den ersten Lieferungen an private Betreiber hat inzwischen die DB AG sowohl für den Personenverkehr (Baureihe 147) als auch den Güterverkehr (Baureihe 187.1) Loks des Typs AC3 geordert.

Somit deckt die TRAXX-Plattform alle für Europa denkbaren Einsatzbereiche ab, nämlich mit Wechselstrom(AC)-, Gleichstrom(DC)- und Multisystem(MS/MS2e)-Loks sowie dieselelektrischen (DE) Lokomotiven. Dank technischer Weiterentwicklungen, aber auch infolge neuer Zulassungsvorschriften gab es mehrere Evolutionsstufen.

30 ARBEITSTAGE FÜR EINE LOK

Entwicklung und Bau der TRAXX-Lokomotiven erfolg(t)en arbeitsteilig in den Bombardier-Werken in Hennigsdorf, Kassel, Mannheim, Siegen, Wrocław (Polen) sowie Zürich (Schweiz). Auf die Gleichstromloks hat sich das italienische Werk Vado Ligure spezialisiert.

Schon beim Bau der DB-Baureihe 101 waren die auf Modularität beruhenden Fertigungsprozesse eingeführt und später weiter optimiert worden. Im Regelfall werden die Wagenkästen im polnischen Wrocław gebaut, grundiert und dort oder in Kassel lackiert. Die Endmontage in Kassel erfolgt in drei Takten: Zunächst werden die vorgefertigten und vorgeprüften Komponenten der Hauptstromkabel, der Seitenwandverkabelung und einige Frontmodul-Komponenten montiert. Im zweiten Schritt folgen Trafo, Führertische, Stromrichter und Hilfsbetriebe, im dritten Takt schließlich die endgültige Verkabelung und das Aufsetzen der vormontierten Dächer. Dabei wird der Lokkasten in der Montagehalle mit Kränen von einer zur nächsten Taktstufe überstellt. Ein Teil der Einbauten, wie die Führertische, die Mittelgangverrohrung und Verkabelung, wird als Komponenten auch in Kassel vorproduziert. Die Drehgestelle kommen aus Siegen, die Stromrichter aus Mannheim, Motoren und Getriebe aus Hennigsdorf. Für alle drei Takte werden zusammen durchschnittlich etwa 15 Arbeitstage angesetzt. Anschließend erfolgt das Aufsetzen auf die Drehgestelle und die Übergabe in die Inbetriebsetzung, in der – nochmals für etwa 15 Tage – sämtliche Funktionen statisch und dynamisch geprüft werden. Den Abschluss bilden eine Probefahrt und die Abnahme der fahrbereiten Lok.

Karl-Heinz Buchholz
Jürgen Hörstel

Arbeitsplatz des Lokführers in der 187 009 (TRAXX AC3).

Ganz oben: In der Fertigungshalle in Kassel steht vor der TRAXX MS2e für Euro Cargo Rail links das Druckluftgerüst zum Einbau bereit (2010). *Fotos: J. Hörstel (4)*

BEZEICHNUNG DER TRAXX-TYPEN

Das Bombardier-System zur Bezeichnung der TRAXX-Lokomotiven enthält u.a. folgende Informationen:

P	Passenger (Lok für den Reisezugverkehr)
F	Freight (Lok für den Güterzugverkehr)
140	Höchstgeschwindigkeit 140 km/h
160	Höchstgeschwindigkeit 160 km/h
AC1	Wechselstromlok 1. Generation
AC2	Wechselstromlok 2. Generation
AC3	Wechselstromlok 3. Generation
DC	Gleichstromlok
DE	Lok mit dieselelektrischem Antrieb
DP	Dual-Power-Lok (Hybridantrieb elektrisch/Diesel)
ME	Multi-Engine-Lok (viermotorige Diesellok)
MS	Mehrsystemlok (AC und DC)
MS2e	Mehrsystemlok der 2. Generation (e = Evolution)
LM	Last-Mile-Lok (Elektrolok mit Zusatzdieselmotor und Batterie)

WC
DB
146 566-5

Die 146 566 war im Herbst 2014 mit einem Erprobungszug aus IC-Doppelstockwagen quer durch Deutschland unterwegs (Langenselbold, 26. November 2014).
Foto: A. Hitfield

ZUGPFERD AUCH FÜR REISEZÜGE

Aus der Baureihe 145 für den Güterzugdienst wurde die mit Hohlwellenantrieb ausgestattete 160 km/h schnelle Baureihe 146 abgeleitet. Sie ist mit Doppelstockzügen im Regionalverkehr anzutreffen, in einer Ausführung für den Fernverkehr demnächst aber auch mit IC-Zügen.

Auch wenn der TRAXX-Begriff offiziell erst 2003 eingeführt wurde, gilt die einige Jahre zuvor gebaute Baureihe 145 für die DB AG als erste Vertreterin dieser Lokomotiv-Plattform. Optimiert für den Güterverkehr resultierte der günstige Anschaffungspreis aus der Leistung von nur 4,2 MW und der Höchstgeschwindigkeit von 140 km/h. Ziel war es, mit den 80 Loks und der vereinbarten Option von weiteren 400 Loks vor allem die DB-Baureihen 139 und 140 zu ersetzen. Noch in der Bestell- und Bauphase kam es 1996 zum Zusammenschluss von AEG und ABB zur ABB Daimler-Benz Transportation (Adtranz), was zu Synergien beim Bau der Baureihen 101 und 145 in den Werken Hennigsdorf und Kassel führte.

Die Tatzlagerantriebe der Baureihe 145 bewirken zusammen mit den leichten Asynchronmotoren akzeptable Gleiskräfte, begrenzen allerdings auch die Höchstgeschwindigkeit. Dabei realisierte man das in der 12X und einer DB-120 erprobte „Gealaif-Prinzip" von AEG, einer besonderen Ausführung der Ritzellagerung. Die Kraftübertragung zwischen Drehgestell und Lokkasten erfolgt wie bei der 101 über Zug-Druckstangen. Bei der Antriebssteuerung der 145 blieb es bei der Drehgestellregelung – im Gegensatz zu einzeln ansteuerbaren Radsätzen bei den nachfolgenden Bauarten. Alle neuen von der DB bestellten Baureihen erhielten gleiche Radsatzlager, die unter Federführung von Adtranz mit der Lager-Industrie entwickelt worden waren.

Zur Vorbereitung der Bauartzulassung wurden zehn Vorserienloks (145 001 – 010) in Hennigsdorf gebaut, die Serienmaschinen (145 011 – 080) mit geringen Modifikationen ab Ende 1998 in Kassel. Das Rollout der ersten 145 fand im Juli 1997 in Hennigsdorf statt. Probefahrten wurden

Die 145 001 wurde am 10. Juli 1997 in Berlin der Öffentlichkeit präsentiert. Sie ist das erste Exemplar einer erfolgreichen Lokfamilie.

Mit einem Nahverkehrspaket ausgestattete Loks der Baureihe 145 bespannten während der Expo 2000 in Hannover Doppelstockzüge (145 033 bei Banteln, 17. Juni 2000).

auch in Österreich durchgeführt (145 002 im Juni und Juli 1999) sowie in der Schweiz (u.a. auf der BLS-Lötschbergbahn; 145 001 und 016, August und September 1999), wobei letztere schon im Hinblick auf die Zulassung der Baureihe 185 erfolgten, deren Bau Anfang August 1999 in Kassel begonnen hatte. Beheimatet in Seddin bei Berlin kamen die 145er ab 1998 zunächst hauptsächlich auf der Achse Berlin – Ruhrgebiet zum Einsatz.

BEWÄHRUNG BEI DB REGIO

Danach wurde der Umlauf auf weitere Ziele wie Aachen, Bremen, Maschen und Itzehoe ausgeweitet, später auch Richtung Süden. Wegen des Logowechsels der DB-Güterverkehrssparte (DB Cargo, Railion, Railion Logistics) hat sich das Erscheinungsbild der Baureihe 145 mehrfach geändert, inzwischen ist man bei Neulackierungen zum einfachen DB-Logo zurückgekehrt.

Noch während der 145-Serienfertigung verdichteten sich Überlegungen für eine Nahverkehrs-Version. Anfang 1999 vereinbarten DB, Adtranz und das Land Rheinland-Pfalz, vor der Beschaffung der neuen Baureihe 146 zunächst zwei 145er von DB Cargo mit einem Nahverkehrspaket auszurüsten (Zugzielanzeiger, Technik für die Fahrgastinformation im Zug und Fahrgastnotruf). Die Wahl fiel auf die 145 018 und 019, die am 21. Juni 1999 in Ludwigshafen der Öffentlichkeit präsentiert wurden. Mit entsprechenden Werbeaufschriften versehen kamen die beiden Maschinen zwischen Koblenz und Mannheim zum Einsatz. Nach guten Erfahrungen erfolgte die Bestellung der ersten sieben Loks der Reihe 146.0 (146 001 – 007), die ab 2001 in Rheinland-Pfalz zum Einsatz kamen.

Im Jahr 2000 fand in Hannover die im Vorfeld sehr umstrittene „Weltausstellung EXPO“ statt. Auch wenn der Ansturm der Touristen in der Realität deutlich geringer ausfiel, hatte sich die Deutsche Bahn mit dem neuen S-Bahn-System und Doppelstockzügen auf den RE-Linien Bremen – Göttingen und Uelzen – Hildesheim (mit Halt am neuen Bahnhof Hannover Messe/Laatzen nahe dem EXPO-Gelände) auf den erwarteten Besucheransturm gut vorbereitet. Die Doppelstockzüge bespannten die 145 031 – 050 mit nachträglich installiertem Nahverkehrspaket. Nach der EXPO gingen zehn Maschinen zurück an DB Cargo und zehn an DB Regio in Nordrhein-Westfalen, wo sie im Vorfeld der 24 bestellten Loks der Reihe 146.0 mit Doppelstockwagen auf der Strecke Aachen – Bielefeld fuhren. Nach Auslieferung der 146.0 wurden die 145er an DB Cargo zurückgegeben.

Die 145 031 rollt am 4. Mai 2013 zwischen Lehrte und Celle mit einem Güterzug in Richtung Hamburg. *Fotos: J. Hörstel (3)*

Die DB-Baureihe 146.0 stellt die aus der 145 weiterentwickelte Nahverkehrs-Version dar. Statt Tatzlager- erhielt sie den gefederten Hohlwellenantrieb für 160 km/h (TRAXX P160 AC1). Die Leistung beträgt 4,2 MW, auch wenn um 2010 angedacht war, diese neben Softwareänderungen

BAUREIHE 146 FÜR TEMPO 160

durch Umbauten an der Lüfteranlage und den Traktionsstromrichtern auf 5,6 MW zu erhöhen. Ab Mai 2001 gelangten die ersten 146.0 im RE-Umlauf zwischen Koblenz und Mannheim zum Einsatz. Zwischen Mitte 2001 und Ende 2002 gingen die 146 008–031 für Nordrhein-Westfalen in Betrieb, zunächst auf den Linien Aachen–Bielefeld und Aachen–Münster, später auch zwischen Emmerich und Koblenz.

Als nächste Unterbaureihe folgte die 146.1, die ebenfalls als TRAXX P160 AC1 bezeichnet, jedoch von der Baureihe 185.0 abgeleitet wurde und über eine Leistung von 5,6 MW verfügt. Im Februar 2002 schlossen das Land Niedersachsen und DB Regio eine Finanzierungsvereinbarung zur Beschaffung von acht 146.1 und 40 Doppelstockwagen für die RE-Linie Hannover–Norddeich, wobei sich das Land im Rahmen des Programms „Niedersachsen ist am Zug“ mit 50% beteiligte. Die Einsatzplanungen der 146 101– 108 änderten sich jedoch zugunsten der 160 km/h schnellen RE-Linie Osnabrück–Bremerhaven, wo die Ablösung der Wendezüge mit Baureihe 110 ab Dezember 2003 angestrebt wurde. Nach der Abnahme kamen die ersten 146.1 im Mai 2003 zu ihrem Heimatbetriebswerk Braunschweig, wo am 16. August 2003 eine Lokparade mit allen acht Loks den

Die privaten 145-CL

Wenige Jahre nach der Bahnreform begannen sich auch private Unternehmen für Neubaulokomotiven zu interessieren, nachdem sie in der Anfangsphase zunächst vielfach auf Gebrauchtfahrzeuge zurückgegriffen hatten. Die ersten beiden privaten 145 gingen 1999 an die BASF bzw. Rail4Chem, bezeichnet als 145-CL 001 und 002 (die Buchstaben CL stehen für Cargo-Lok). Bis 2001 folgten die ebenfalls grün lackierten 145-CL 003 - 005 für Rail4Chem sowie für Häfen und Güterverkehr Köln die 145 CL 011 - 015 in Rot als HGK 2001 - 2005. Einzelstück blieb 2001 die 145-CL 031 in Silber für Netlog/TX Logistik. Bei all diesen Bestellungen waren Leasingfirmen beteiligt. Die RBH (RAG Bahn- und Hafenbetriebe) erhielt 2001 die blau-silber lackierten 145-CL 201 - 206. Die ersten vier waren geleast, die 205 und 206 hingegen Eigentum der RBH. Die 145-CL sind im europäischen „National Vehicle Register" (NVR) in Fortsetzung der DB-Nummernreihe 145 001 - 080 inzwischen als 145 081, 082 und 145 089 - 103 eingeordnet. Auffällig dekoriert ist seit Anfang 2015 die 145 089 (ex 145-CL 011) als „Zementaxi" - nur mit einem t.

Ein eher „bewegtes Leben" hatten die 2000 an die schweizerische Mittelthurgaubahn (MthB) gelieferten 486 651 - 656: Die weiß lackierten Maschinen gelangten nach der MthB-Insolvenz 2002 zur SBB, erhielten das klassische rot/blaue SBB-Outfit samt den neuen Betriebsnummern 481 001 - 006 und wechselten 2005 zu MRCE. Inzwischen führen die sechs Loks die NVR-Bezeichnungen 145 083 - 088. Die 145 083 und 085 wurden 2006/07 an die Press weiterverkauft, blau lackiert und in 145 023 und 030 umgezeichnet. Die 145 083 (Press 145 023) trägt aktuell eine Ganzwerbung für die Schmalspurbahn „Rasender Roland" auf Rügen. 2014 verkaufte MRCE die 145 087 und 088 an die SRI Rail Invest einschließlich einer Option auf die 145 084 und 086. Seit März 2015 erstrahlt 145 087 im typischen SRI-Blau. Weitere private Bahnunternehmen erhielten ab 2002 die aus der Baureihe 185 abgeleiteten CL-Versionen.

Hintergrund für die offizielle Übergabe an DB Regio bildete. 2004/05 beschaffte DB Regio im Rahmen der im laufenden Verkehrsvertrag zugesagten Investitionen zehn 146.1 für Niedersachsen (146 123 – 132) für die RE-Linien Hannover – Norddeich und Braunschweig – Rheine/Bielefeld. Nach den ersten 146.1 für Braunschweig waren in der zweiten Jahreshälfte 2004 die 146 109 – 116 nach Freiburg (Breisgau) für die Rheintalstrecke geliefert worden. Die 146 117 – 122 gingen nach Frankfurt (Main), von wo sie nach Fulda, später nach Mannheim/Heidelberg fuhren. Inzwischen sind sie auf der Strecke Frankfurt – Kassel heimisch.

Weitere 18 Maschinen lieferte Bombardier an die Landesnahverkehrsgesellschaft Niedersachsen (LNVG). Im Vorfeld der Verkehrsausschreibungen hatte die LNVG zehn 146.1 (TRAXX P160 AC1) bestellt, die vom Ausschreibungsgewinner Metronom als ME 146-01 bis 10 (146 501 – 510) ab Dezember 2003 den RE-Verkehr Uelzen – Hamburg – Bremen übernahmen. Für das ab Dezember 2005 zu betreibende Teilnetz Uelzen – Hannover – Göttingen, das ebenfalls Metronom für sich entschied, waren weitere acht Maschinen erforderlich. Die ME 146-11 bis 18 (146 511 – 518) entsprachen der Weiterentwicklung TRAXX P160 AC2 (wie auch die DB-Baureihe 146.2), die auf dem Plattformkonzept mit crashoptimiertem und standardisiertem Lokkasten der DB-Baureihe 185.2 aufbaut. Während sich die Lokkästen der Baureihen 146.0 und 146.1 von der Cargo-Version durch einen kleinen Aufsatz über den Stirnscheiben für die

146 522 mit Werbung für den InterConnex: Am 3. März 2011 war sie auf der Nord-Süd-Strecke zwischen Fulda und Bebra mit einem Kesselwagenzug unterwegs.

Oben: 145-CL 203 und 185-CL 006 in Kassel (2002). Links: 146 130 und 146 125 im Mai 2011 in Wunstorf. *Fotos: J. Hörstel (3)*

Linke Seite außen: 145-CL 002 (145 082) von Hannover Mobilien Leasing im Arcelor-Design (24.11.2013). *Foto: Th. Wohlfarth*

Technische Daten der DB-Baureihen 145 und 146

Baureihe	**145**	**146.0**	**146.1**	**146.2 / 146.25 / 146.5**
TRAXX-Typ	F140 AC1	P160 AC1	P160 AC1	P160 AC2
Stückzahl	80	31	32	47 + 32 + 27
Betriebsnummern	145 001 – 080	146 001 – 031	146 101 – 132	146 201 – 247 146 251 – 282 [1] 146 551 – 577 [2]
Baujahre	1997 – 2000	2001 und 2002	2003 – 2005	2005 und 2006 [3] 2013 – 2015 [4]
Stromsystem	15 kV/16,7 Hz	15 kV/16,7 Hz	15 kV/16,7 Hz	15 kV/16,7 Hz
Dauerleistung	4,2 MW	4,2 MW	5,6 MW	5,6 MW
Höchstgeschwindigkeit	140 km/h	160 km/h	160 km/h	160 km/h
Antriebsart	Tatzlager	Hohlwelle	Hohlwelle	Hohlwelle
Anfahrzugkraft	300 kN	300 kN	300 kN	300 kN
Gesamtgewicht	80 t	82 t	84 t	84 t
Radsatzfolge	Bo'Bo'	Bo'Bo'	Bo'Bo'	Bo'Bo'
Länge über Puffer	18 900 mm	18 900 mm	18 900 mm	18 900 mm

[1]) mit Wired Train Bus (WTB) und ETCS [2]) mit Wired Train Bus (WTB) [3]) 146 201 – 247 [4]) 146 251 – 282, 146 551 – 577

Metronom-Werbeloks

146-01, 146-18	60 Jahre Niedersachsen
146-02	Verliebt in/nach Lüneburg
146-05, 146-17, 146 542	10 Jahre Metronom
146-18, 146 532	50.000.000 km – Sicher mit dem Zug durch Niedersachsen (später auf 75.000.000 km geändert)
146 535	Künstlerlok James Rizzi
246 009 *(Diesellok)*	10 Jahre Metronom

Die ME 146-01 (146 501) von Metronom präsentierte sich im Februar 2006 im Dekor „60 Jahre Niedersachsen".

Auf der Spessartrampe schiebt die 146 247 am 25. April 2013 den aus Modus-Wagen gebildeten RE nach Würzburg oberhalb von Laufach in Richtung Heigenbrücken.

Treffen zweier Metronom-Züge mit ME 146-01 und 146-03 (146 501 bzw. 503) am 22. März 2005 im Hundertwasser-Bahnhof Uelzen.

Zugzielanzeige unterschieden, wurde der Platzbedarf für die Zugzielanzeige bei der Konstruktion die Baureihe 185.2 von vorneherein berücksichtigt, so dass die Lokkästen der 185.2 und 146.2 identisch ausgeführt werden konnten.

GEÄNDERTER LOKKASTEN

Die erste DB-146.2 wurde im Juli 2005 in Kassel übergeben. Insgesamt 22 Maschinen gingen bis Ende 2005 an DB Regio Württemberg (146 201 – 220) und DB Zugbus/Regionalverkehr Alb-Bodensee (146 221 und 222). Ab Dezember 2005 kamen sie auf den Strecken von Stuttgart nach Karlsruhe, Heilbronn – Neckarelz, Aalen und Ulm vornehmlich mit Doppelstockwagen zum Einsatz. Zur Ablösung der Elektrotriebzüge der Baureihe 425 auf der Gäubahn Stuttgart – Singen wurden Stuttgart 2006 weitere fünf Maschinen (146 223 – 227) zugeteilt. Zwölf Loks (146 228 – 239) erhielt 2006 Freiburg (Breisgau), vor allem für die Schwarzwaldbahn, acht Stück (146 240 – 247) erhielt Nürnberg (DB Regio Bayern) für den RE-Verkehr Nürnberg – Frankfurt (Main). Unter den DB-Maschinen der Baureihen 146.1 und 146.2 gibt es vor allem in Stuttgart und Freiburg zahlreiche Werbelokomotiven (siehe Textkasten auf der nächsten Seite). 2014 wurden einige 146.0 mit Werbeflächen für die Aktion „Damit Deutschland vorne bleibt" ausgestattet.

Für den ab Dezember 2007 ausgeschriebenen Regionalverkehr Tostedt – Hamburg – Lüneburg konnte sich erneut Metronom durchsetzen. Die LNVG bestellte neun TRAXX P160 AC2 (146 531 – 539). Zwei weitere Exemplare (146 541 und 542, Baujahr 2010) folgten wegen Zulassungsproblemen erst Ende 2012. Zeitweise fuhren deshalb die ehemaligen Connex-Loks 146 519 (mit Werbung „Irrgarten" für die Herrenhäuser Gärten in Hannover) und 146 521 bei Metronom, wobei deren gelb-blaues Design dem der LNVG erstaunlich nahe kam. Bereits 2005 war die 185 524 bei Metronom für die beschädigte 146-10 im Einsatz, ab Oktober 2013 für etwa sechs Monate die schwarze 185 546 für die in Bremen entgleiste 146-06. Neben dem ansonsten einheitlich gelb-weiß-blauen Design des LNVG-Pools gab und gibt es immer wieder Metronom-Maschinen mit Werbedesign (siehe Textkasten auf der linken Seite).

16. August 2003: Offizielle Übergabe der ersten acht Lokomotiven der Baureihe 146.1 (146 101 bis 108; TRAXX P160 AC1) an DB Regio im Bw Braunschweig.
Fotos: J. Hörstel (4)

146 227 im Dekor „Bahnprojekt Stuttgart – Ulm", aufgenommen im Juni 2012 in Heilbronn Hbf.
Foto: Th. Wohlfarth

Mitte: 146 223 macht Bahnreisende auf den Beruf des Triebfahrzeugführers aufmerksam (Mai 2013).
Foto: DB AG (Emersleben)

Ganz unten: 146 246 wirbt in den bayerischen Landesfarben Weiß und Blau für das Bahnland Bayern (12.9.2014).
Foto: DB AG (Miethe)

Werbeloks DB-146.1/146.2

146 109, 112, 201 – 204	Baden-Württemberg bewegt was
146 127	Erholungsort Marienhafe
146 220, 223	Diesen Zug könnten Sie fahren (Lokführer-Werbung)
146 221, 222	25 Jahre DB ZugBus Regionalverkehr Alb-Bodensee GmbH (RAB)
146 224 – 226	Baden-Württemberg erfahren
146 227	Bahnprojekt Stuttgart – Ulm (Vollwerbung Silber/Rot)
146 229, 236	Schwarzwaldbahn
146 231	Triberger Wasserfälle
146 235	Europa-Park
146 246	Bahnland Bayern

Drei 146er mit Doppelstock-Wendezügen im Gleisvorfeld von Köln Hbf (April 2013).
Foto: DB AG (Miethe)

Als die Nord-Ostsee-Bahn NOB (Connex/Veolia) die Ausschreibung für den Regionalverkehr auf der Marschbahn Hamburg–Westerland ab Dezember 2005 gewonnen hatte, gab es Überlegungen, einzelne Züge bis Köln zu verlängern. Dafür wurden 2005 vier Elektroloks geliefert (146 519–522). Die Züge bis Köln wurden jedoch nicht realisiert, deshalb kamen die Loks bis Ende 2014 u.a. vor dem Fernverkehrs-Angebot InterConnex Leipzig–Berlin–Rostock sowie bei der Tochtergesellschaft RBB im Güterverkehr zum Einsatz. Schon zuvor beförderten die ähnlich blaugelb lackierten Connex-Loks 185 515 und 516 u.a. 2003 kurzzeitig den InterConnex Neuss–Köln–Siegen–Kassel–Berlin–Rostock sowie ab November 2003 den „Flensburg-Express" Hamburg–Flensburg.

MIT INTERCONNEX UND INTERCITY

2011 bestellte die DB AG insgesamt 27 Doppelstock-Garnituren mit je fünf Wagen und einer Fernverkehrsvariante der Baureihe 146.2 (146 551–577, lackiert in den IC-Farben Weiß/Rot) für Einsätze auf den IC-Linien Dresden–Leipzig–Norddeich, Köln–Norddeich und Köln–Leipzig. Während die ersten Maschinen planmäßig produziert wurden, verzögerte sich die Zulassung der Wagen infolge erweiterter Funktionen der Zugsteuerung (WTB; Wired Train Bus) und der Reisendeninformation, so dass die ursprünglich für Dezember 2013 geplante Betriebsaufnahme um etwa zwei Jahre verschoben werden musste. Ende 2014 fanden die ersten Langstreckenmessfahrten statt. Die 146.2-Flotte von DB Regio wurde ab 2014 um 32 verkehrsrote Loks ergänzt (146 251–282), die mit WTB und mit ETCS ausgestattet sind. Ab etwa Mitte 2015 sollen sie u.a. von Frankfurt (Main) aus eingesetzt werden.

Jürgen Hörstel

Innerhalb von elf Jahren stellte DB Cargo 405 Zweisystemloks der Baureihe 185 mit einer auf 5,6 MW gesteigerten Leistung in Dienst. Für Einsätze im Ausland sind Teilserien mit Zusatzausrüstungen ausgestattet worden. Von der seit 2004 lieferbaren Viersystemausführung beschaffte die DB bislang 20 Exemplare.

Noch während der Fertigung der Baureihe 145 löste DB Cargo 1998 die vereinbarte Option über weitere 400 Lokomotiven ein, allerdings in geänderter Ausführung: als Zweifrequenzlok mit einer auf 5,6 MW gesteigerten Leistung (TRAXX F140 AC1). Im Jahr 2000 sollten zunächst drei Vorserienmaschinen der Baureihe 185 zur Verfügung stehen, ab 2001 dann jährlich etwa 50 Exemplare gebaut werden. Zusätzlich zu den 15-kV-Netzen mit 16,7 Hz (Deutschland, Österreich, Schweiz, Schweden, Norwegen) sollte auch ein Einsatz auf den mit 25 kV/50 Hz elektrifizierten Strecken in Frankreich, Luxemburg, Dänemark und Ungarn möglich sein. Während Trafo, Stromrichter und Fahrmotoren aufgrund ihrer thermischen Reserven schon von Anfang an entsprechend ausgelegt waren, konnte die höhere Leistung durch Modifikationen am Zwischenkreis und Softwareanpassungen verfügbar gemacht werden, nachdem sich dieses Vorgehen in Versuchen bewährt hatte. Oberhalb von etwa 70 km/h wird so eine höhere Zugkraft erreicht. Unverändert übernommen wurden bewährte Teile der Baureihe 145 wie Stromrichter, Hilfsbetriebeumrichter, Fahrwerke, Motoren und Tatzlagerantrieb. Modifiziert wurden vor allem die Hochspannungsausrüstung, die Zugsicherungsanlage(n), Führerraum und Bremsausrüstung.

Um die Lokomotiven in möglichst vielen Ländern einsetzen zu können, war es notwendig, die internationale Fahrzeugbegrenzung UIC 505 einzuhalten. Die äußeren Dachbereiche, auf denen Stromabnehmer montiert sind, wurden deshalb leicht abgesenkt, auch wegen der unter 25 kV einzuhaltenden größeren Schutzabstände. Bis zu vier Bügel finden auf dem Dach der Baureihe 185 Platz. Meist sind es unterschiedliche Stromabnehmer für 15 kV und 25 kV, auch wegen der abweichenden Wippenbreiten. In Deutschland und Österreich werden 1950 mm breite Wippen verwendet, in der Schweiz sind wegen der kleineren Tunnelquerschnitte nur 1450 mm breite Wippen zulässig. Der gleiche Wert gilt auch für 25-kV-Strecken z.B. in Luxemburg oder Frankreich. Neben der Stromversorgung und den jeweiligen Zugsicherungsanlagen umfassen die sogenannten Länderpakete länderspezifische Ausrüstungsgegenstände wie z.B. Hemmschuhe in unterschiedlichen Ausführungen, Knallkapseln, Kameras für die Sicht des Lokführers nach hinten (statt Rückspiegel) und spezielle Signalbilder der Spitzenlichter.

Der Trafo ist mittig unterflur angeordnet, darüber beidseitig des Maschinenraum-Mittelgangs die Traktionsstromrichter. Davor bzw. dahinter stehen die Hoch- und Niederspannungsgerüste, Hilfsbetriebegerüst, die Kühltürme, die Zugsicherungsschränke sowie nahe den Führerräumen die vier Fahrmotorlüfter.

DREI PROTOTYPEN

Im Februar 2000 unternahm der Prototyp 185 001 „erste Schritte“ in Kassel. Bald begann auch mit 185 002 und 003 ein umfangreiches Testprogramm, z.B. mit 185 001 im April 2000 in Hennigsdorf, mit 185 002 im März 2000 im Raum Treuchtlingen. Beide Loks kamen im Mai 2000 für Fahrten unter 25 kV/50 Hz nach Dänemark, die 185 002 hatte es einige Wochen zuvor über Dänemark sogar bis ins schwedische Malmö geschafft. Das offizielle Rollout der Baureihe 185 feierte Bombardier im Juli 2000 in Kassel mit der 185 003. Danach absolvierte die 185 001 Testfahrten in Luxemburg und die 185 003 verkehrte probeweise auf ihrer künftigen Einsatzstrecke Mannheim – Saarbrücken. Im Dezember 2000 wurde die 185 001 in Ungarn präsentiert.

Zweisystemlok 185 258 (TRAXX F140 AC2) im März 2011 auf der Nord-Süd-Strecke bei Oberrieden. *Foto: J. Hörstel*

GROSSAUFTRAG VON DB CARGO

Mit den Erfahrungen des Jahres 2000 und einigen Feinjustierungen begann ab Januar 2001 die Serienlieferung der 185 004–200. Auf der Messe Transport Logistic 2001 in München wurde die 185 011 mit dem damals aktuellen Railion-Logo gezeigt. Von Januar bis März 2001 fanden Wintertests mit 185 002 und 003 in Nordschweden auf der Erzbahn Luleå–Kiruna–Narvik statt. Weitere Fahrten nach Schweden folgten mit der 185 073 im August/September 2002 und der 185 088 zwischen Januar und März 2003. Ebenfalls im März 2003 war die 185 083 mit dem Erprobungsträger 12X (128 001) auf der Gotthardstrecke in der Schweiz anzutreffen.

Die 185 320 ist mit einem gemischten Güterzug am 19. Februar 2015 in Gelsenkirchen-Bismarck in Richtung Dortmund unterwegs.
Foto: M. Henschel

LÄNDERPAKETE

Für grenzüberschreitende Einsätze wurden einzelne Teilserien mit unterschiedlichen Länderpaketen ausgerüstet. 2002 wurde die erste von 65 Loks (185 085–149) mit dem Länderpaket Schweiz geliefert. 2004 erhielten die „Schweiz-Loks" 185 085–094 eine Zulassung für den kurzen österreichischen Streckenabschnitt St. Margrethen (Grenzbahnhof in der Schweiz)–Wolfurt, ein Jahr später folgte die Österreich-Zulassung (ohne Einschränkungen) für die 185 040–059. Seit Februar 2005 ist die Baureihe 185 planmäßig u.a. in Linz und in Wien anzutreffen. Im März 2005 absolvierten die 185 204 und die 185 561 Messfahrten auf ÖBB-Strecken und glichen die Ergebnisse der Baureihe 185.2 mit den im gleichen Monat nochmals erfolgten Störstromfahrten mit 185 051 und 056 ab.

Zeichnungen der 185 004 (TRAXX F140 AC1) und der TRAXX F140 MS2e (Viersystemlok mit crash-optimierter Frontpartie).
Zeichnungen: Bombardier

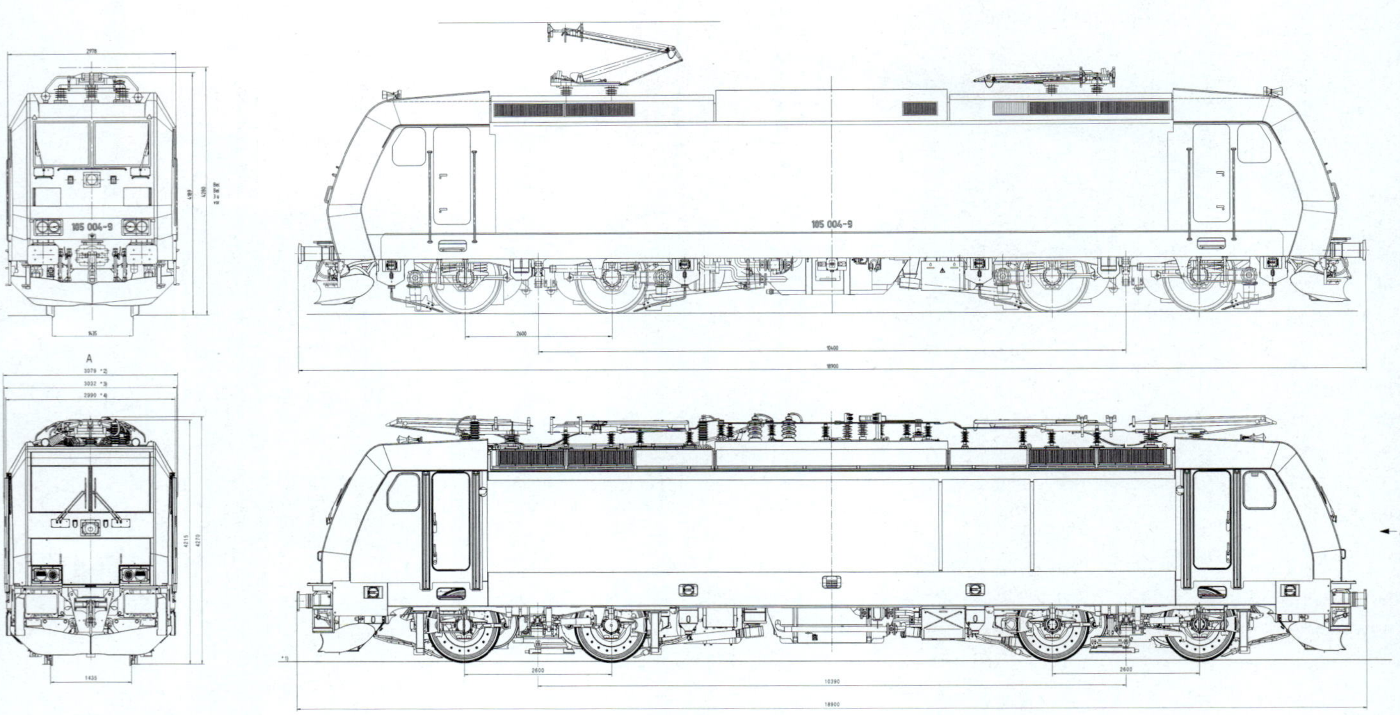

In Mannheim sind buchmäßig alle 185er der DB beheimatet. Hier sind u.a. 185 037, 132 und 180 zu sehen. *Foto (2006): J. Hörstel*

TECHNISCHE DATEN DB-BAUREIHE 185

TRAXX-Typ	F140 AC1/ F140 AC2
Stückzahl	399 + 6
Betriebsnummern	185 001 – 399, 401 – 406
Baujahre	2000 – 2010
Stromsysteme	15 kV/16,7 Hz und 25 kV/ 50 Hz
Dauerleistung	5,6 MW
Höchstgeschwindigkeit	140 km/h
Antriebsart	Tatzlagerantrieb
Anfahrzugkraft	300 kN
Gesamtgewicht (je nach Ausstattung)	84 – 85 t
Radsatzfolge	Bo'Bo'
Länge über Puffer	18 900 mm

WERBELOKS DB-BAUREIHE 185

185 001	Bombardier/TRAXX/The locomotive family	(9/2003 – 4/2010)	
185 002	Bombardier/TRAXX/The locomotive family	(9/2003 – 6/2009)	
185 003	Bombardier/TRAXX/The locomotive family	(9/2003 – x/200x)	
185 087	Borderless	(9/2002, Ausstellung InnoTrans)	
185 090	Bombardier/TRAXX	(seit 9/2002)	
185 142	Schweiz/Edelweiß*)	(seit 5/2007)	*) 2011: Ersatz des seitlichen Railion-Logos durch das DB-Logo
185 152	K+S/Kali+Salz	(seit 2/2007)	
185 389	CO_2-frei/Audi-Logistik	(seit 8/2010)	
189 399	399	(seit 9/2010)	

Die Zusatzausrüstung für Frankreich erprobte man zunächst mit 185 038 und 039, im Jahr 2004 wurden alle anderen Loks der Serie 185 020–039 nachgerüstet. Ab Dezember 2003 kam es zum Regeleinsatz in Kooperation Fret SNCF/Railion auf der Relation Mannheim–Woippy. Heute fahren die 185er mit Frankreich-Ausrüstung hauptsächlich aus dem Rhein-Neckar-Raum über den Grenzbahnhof Forbach und aus dem Rhein-Ruhr-Gebiet über Apach an der Obermosel zum französischen Güterverkehrsknoten Woippy.

Die Ausführung der Baureihe 185 als Zweifrequenzlok erforderte zahlreiche Messfahrten unter 25 kV/50 Hz, auch im Harz auf der Strecke Blankenburg–Rübeland–Elbingerode: Ende September/Anfang Oktober 2003 waren 185 057 und 069 auf der steigungsreichen Rübelandbahn an einem umfangreichen Testprogramm beteiligt, im Jahre 2004 gab es dort mit wechselnden Besetzungen Probebetrieb der DB, u.a. mit 185 072 und 185 152, aber auch mit der DB-Baureihe 189. Später kam es zum planmäßigen TRAXX-Einsatz auf der Rübelandbahn, allerdings mit Maschinen der HVLE (Baureihe 185.5/185.6).

Nach der Lieferung von 200 Exemplaren der Baureihe 185 an die DB gab es

CRASHOPTIMIERTE FRONTPARTIE

2004/05 einige Bauartänderungen – es ist der Schritt vom TRAXX-Typ F140 AC1 (185 001–200) zur Variante F140 AC2. Die wichtigste und offensichtlichste war die neue crashoptimierte Kastenform, die an der leicht veränderten Frontpartie zu erkennen ist. Dazu gehören die neuen Crash-Puffer mit daran anschließenden Energieverzehrelementen. Die große Frontklappe unterhalb der Fenster ermöglicht den Zugang zum Klimagerät, das zuvor im Führertisch eingebaut war, nun jedoch vor der eigentlichen Führerraumstruktur angeordnet wurde. Dahinter schützt eine „Anti-Penetrations-Wand“ aus Feinkornstahl den Triebfahrzeugführer. Um den identischen Wagenkasten auch für die Regionalverkehrs-Variante verwenden zu können, ist der Kasten für die Zugzielanzeige immer vorhanden, wird bei den Güterzuglokomotiven aber durch ein Blech abgedeckt. Bombardier übergab die 185 201 am 14. Januar 2005 in Kassel offiziell an die zwischenzeitlich in Railion umbenannte DB-Güterverkehrssparte. Fast sechs Jahre später, im Oktober 2010, war der Bau der Teilserie 185 201–399 abgeschlossen. Der Auftrag für die 185 400 wurde storniert, ersatzweise lieferte Bombardier die 146 228.

Die mit einem Skandinavien-Paket ausgestatteten 185 321–337 gingen an Railion Scandinavia, der Bestand wurde 2009 ergänzt um die 185 401–406 (siehe auch das Skandinavien-Kapitel).

Linke Seite: „Schweizlok" 185 142 mit Edelweiß, rechts daneben 185 389 („CO_2-frei"), darunter 185 152 („Kali + Salz") und 185 399.
Fotos: J. Hörstel (6)

Viersystemlok E 186 324 der DB mit großem Frontlatz (März 2013).
Ganz oben: 185 161 auf der rechten Rheinstrecke bei Assmannshausen (2011).

Alle Maschinen der DB-Baureihe 185 sind buchmäßig in Mannheim beheimatet. Die Wartung findet aber auch in anderen Betriebswerken statt. Die Maschinen sind auf fast allen Hauptstrecken in Deutschland anzutreffen, vor allem aber im Nord-Süd-Verkehr. Je nach Ausrüstung kommen die 185er auch in der Schweiz, Österreich, Frankreich, Dänemark und Schweden zum Einsatz.

Einige Maschinen fuhren leihweise bei den DB-Tochtergesellschaften RBH und MEG (meist im Rahmen einer Kurzzeitmiete). An die RBH waren von 2004 bis 2012 insgesamt 24 Loks vermietet, die MEG setzte 2007 bis 2012 drei Stück ein:
RBH: 185 001–004, 006, 007, 010–013, 018, 041, 043, 053, 056–058, 069, 071, 112, 119, 136, 229 und 315
MEG: 185 013, 080 und 151
Die RBH vergab eigene Loknummern (z.B. 185 009 = RBH 227), die ausschließlich intern verwendet wurden (manche Nummern vergab man teils mehrfach für unterschiedliche Lokomotiven in Zweit- und Drittbesetzung). Auch Lokomotion hat schon DB-185er angemietet, ebenso DB Services Fahrwegdienste.

VIERSYSTEM-VARIANTE BAUREIHE 186

Aufbauend auf der TRAXX F140 AC2 mit der Wechselstrom-Ausrüstung für 15 kV/16,7 Hz und 25 kV/50 Hz entstanden die TRAXX-Typen F140 MS (ab 2004) und F140 MS2e (ab 2006) mit Zusatzausrüstungen für die Gleichstromsysteme mit 1,5 und 3 kV. Der Aktionsradius erweiterte sich so auf die europäischen Gleichstromnetze mit 1,5 kV (Niederlande und viele Altstrecken in Frankreich zwischen Paris und der spanischen Grenze) sowie 3 kV (Belgien, Polen, Italien), die entsprechenden Länderpakete für die Zugsicherungssysteme und Zusatzausstattungen vorausgesetzt. Inzwischen sind über 300 Lokomotiven der Baureihe 186 mit unterschiedlichen Konstellationen bzw. Länderpaketen gefertigt worden – überwiegend im Auftrag von Leasinggesellschaften (siehe den nachfolgenden Beitrag). DB Schenker beschaffte bislang 20 Viersystem-Loks (186 321–340), die gemeinsam mit den 45 Exemplaren der DB-Tochtergesellschaft Euro Cargo Rail (ECR) eingesetzt werden, hauptsächlich in Frankreich und Belgien sowie grenzüberschreitend bis Mannheim und Saarbrücken. Grundsätzlich können die DB-186 aber bundesweit angetroffen werden.

Jürgen Hörstel
Thomas Wohlfarth

In Norwegen wurde die 185 623 als 119 004 bezeichnet. Hier zeigt sie sich im aktuellen Design des Leasingunternehmens Alpha Trains, das lange Jahre als Angel Trains Cargo firmierte.

Die 185 CL-002 von Veolia Cargo befördert am 4. Mai 2008 beim Pündericher Hangviadukt einen Güterzug das Moseltal aufwärts.
Fotos: J. Hörstel (2)

Die Welt des Schienengüterverkehrs in Mitteleuropa ist inzwischen sehr bunt. Für private Eisenbahnverkehrsunternehmen ist es naheliegend, Lokomotiven für den Güterverkehr zu leasen und sich so ein hohes Maß an Flexibilität zu sichern. Ein Überblick über die 185er und 186er, die nicht im Eigentum der DB stehen.

MIETE STATT KAUF

Die zum Jahresbeginn 1994 in Kraft getretene Bahnreform in Deutschland war verbunden mit dem freien Zugang zum Streckennetz der DB AG. Nun wurden zahlreiche neue Eisenbahnverkehrsunternehmen (EVU) gegründet, die vor allem im Güterverkehr für Wettbewerb sorgten. Hohe Investitionskosten bei der Beschaffung fabrikneuer Lokomotiven, der Wunsch nach schneller Verfügbar-

keit oder nach einer nur vorübergehenden Nutzung von Triebfahrzeugen stellten junge EVU vor Probleme. Durch die sich schon bald formierenden Leasingunternehmen, meist mit finanzstarkem Hintergrund, zeichnete sich eine Lösung ab. Die Leasingunternehmen investierten in teils umfangreiche Flotten und bestellten auch größere Stückzahlen unterschiedlicher TRAXX-Typen. Je nach prognostiziertem oder aktuellem Kundenwunsch wurden die Lokomotiven mit verschiedenen Länderpaketen ausgestattet, die den Einsatz in bestimmten Korridoren auch über Ländergrenzen hinweg ermöglichen.

Bei den Leasingverträgen gibt es zahlreiche Varianten, von der Finanzierung der Fahrzeuge über die vertraglich geregelte Stellung einer Ersatzlok bei Ausfällen bis hin zur Zuständigkeit bei der Wartung. Manche Unternehmen bieten vollen Service, der auch die Durchführung der Wartungsarbeiten in Vertragswerkstätten des Vermieters regelt. Interessant ist dies z.B. für kleine EVU, die über keine eigene Werkstatt verfügen. Statt Leasing bevorzugten manche EVU jedoch den Kauf von einzelnen Triebfahrzeugen oder auch kleinen Serien. Leasinglokomotiven kommen vor allem im Güterverkehr in Deutschland und den angrenzenden Ländern zum Einsatz.

1

2

3

4

5

6

7

1: Drei Lokomotiven warben zeitweise für den Rostock Port, dazu zählte die 185 513 von TX Logistik (7. Mai 2008).
2: Die 185 583 (Baujahr 2008) gehört der Havelländischen Eisenbahn HVLE (1. Mai 2012, Minden/Westf.). *Foto: Th. Wohlfarth*
3: Die 185 612 von Alpha Trains ist seit 2014 für Emons Bahntransporte im Einsatz (19. April 2015).
4: 185 555 in der klassischen schwarzen Farbgebung mit noch grauem Rahmen der Leasingfirma Mitsui Rail Capital Europe (MRCE).
5: Die 185 CL-005 (Baujahr 2001) im neuen Farbdesign von Captrain (Aufnahme vom 16. Juli 2013).
6: Die orange-blau lackierte 185 409 wurde 2012 geliefert und steht im Eigentum der Erfurter Raildox GmbH (16. März 2013).
7: Die 2007 gebaute 481 001 (185 716) war zunächst für die ungarische Eurocom unterwegs. 2011 verkaufte DLH die Lok an Railpool.

Dazu gehören die Typen TRAXX AC1, AC2 und die Mehrsystemvariante MS2e. Naturgemäß wechseln bei den meisten Loks im Laufe des Einsatzzeitraums mehrmals die Mieter-EVU und teilweise auch die Lackierungen.

57 EXEMPLARE DER ERSTEN BAUFORM

Nach den ersten privaten Güterverkehrs-TRAXX auf Basis der DB-Baureihe 145 ab 1999 wurden ab 2001 Bestellungen parallel zur laufenden Fertigung der DB-Baureihe 185 als TRAXX F140 AC1 ausgeführt. Die ersten drei Exemplare, 185-CL 001–003 (185 501–503), gingen 2001 blau-gelb lackiert über die Leasinggesellschaft Porterbrook zunächst an Connex. Es folgten seitdem verschiedene Mieter und auch der Name des Leasingunternehmens wechselte (CB Rail/Ascendos). Locomotion Capital beschaffte 2001/2002 die 185-CL 004–009, die für die ersten Mieter in unterschiedlichen Lackierungen ausgeliefert wurden: 185-CL 004 und 005 im Basis-Design Silber mit blauen Führerraumkappen, 185-CL 006 und 007 mit grünen Kappen für R4C, 185-CL 008 und 009 im Blau-Silber der RAG (RAG 221 bzw. 222). Alle sechs Maschinen waren für Einsätze in Deutschland und Österreich vorgesehen und erhielten im Rahmen des NVR-Systems die Bezeichnungen 185 504 – 509.

Ebenfalls von Locomotion Capital bestellt wurden die 185 510–516, die 2002 in Blau-Silber mit DE-/AT-Zulassung geliefert wurden, 2003 folgten 185 518– 520. Die 185 512, 513 und 518 trugen zeitweise Seitenwerbung für den „Rostock Port", die 185 518 auch für „Transped" und die 185 513 macht seit Anfang 2015 in Dunkelrot Werbung für „Emons". 2003/2004 gingen 185 521 – 530 und 185 534 – 536 mit DE-/AT-Zulassung im Outfit Blau/ Silber an die nun in Angel Trains Cargo (ATC) umbenannte Leasingfirma. Die 185 519–524 waren zunächst auch in Luxemburg eingesetzt und wurden erst später auf den Stand der DE-/AT-Zulassung umgerüstet. Die 185 525– 527, 535 und 536 dürfen auch in der Schweiz fahren und waren bzw. sind teilweise an die BLS vermietet.

Die acht Stück umfassende Serie 185 517, 532, 533, 541–543, 549 und 550 ging in den Jahren 2003 bis 2005 grün-silber lackiert mit R4C-Logos über die Hannover Mobilien Leasing und die Deutsche Leasing an Rail4Chem, deren Aktivitäten 2008 zunächst von Veolia und 2009 von der SNCF übernommen wurden. Seitdem gehören die Loks zur französischen VC Holding. Fünf von ATC beschaffte Exemplare des Baujahrs 2004 stehen inzwischen im Eigentum von TX Logistik (TXL): 185 531 und 537–540, alle silbern lackiert mit TXL-Logos und DE-/AT-Zulassung.

Die japanische MRCE mit Sitz in Amsterdam erhielt 2005/06 zwei Serien des Typs TRAXX AC1: 185 544–547 mit DE-/AT-Zulassung (185 544 zusätzlich auch für die Schweiz) und 185 551– 557 (gemeinsam mit den DB-185ern waren es die ersten TRAXX-Vertreter mit Frankreich-Zulassung). Die Lackierung wurde im schwarzen MRCE-Design mit grauem Rahmen ausgeführt; nach Übernahme von Siemens Dispolok kam es teilweise zu Neulackierungen gemäß dem neuen Konzept in komplettem Schwarz mit „MRCEdispolok"-Logo. Ebenfalls 2005 bestellte die Dresdener ITL Eisenbahngesellschaft eine AC1 (185 548)

Die 185 CL 005 von Angel Trains Cargo war im Mai 2008 noch im ursprünglichen Outfit und mit dem Rail4Chem-Logo im Einsatz (bei Banteln).
Fotos: J. Hörstel (7)

DISPOLOK, ANGEL TRAINS CARGO & CO

Einer der Pioniere im Leasingmarkt war 2001 Siemens Dispolok als Tochtergesellschaft des Siemens-Konzerns. Die bereits seit 1994 auf dem britischen Markt aktive Leasinggesellschaft Angel Trains gründete im Jahr 2000 gemeinsam mit Vossloh (10%) die Locomotion Capital. 2003 wurde das Unternehmen in Angel Trains Cargo (ATC) umgetauft, ein Jahr später gab Vossloh seine Anteile zurück. Der Eigentümer Royal Bank of Scotland verkaufte die gesamte Gruppe 2008 an ein internationales Investorenkonsortium. Zwei Jahre später folgte die Umbenennung in Alpha Trains. 2004 begannen CB Rail (in der Nachfolge von Porterbrook) sowie der japanische Mitsui-Konzern mit der Mitsui Rail Capital Europe (MRCE) ihre Aktivitäten als Leasinggesellschaften in Mitteleuropa. MRCE übernahm 2006 Siemens Dispolok als MRCE Dispolok und strich 2013 den Zusatz Dispolok. Seit 2010 werden die luxemburgischen und deutschen CB-Rail-Tochtergesellschaften eigenständig als Ascendos Rail Leasing geführt. Die übrigen CB-Rail-Aktivitäten übernahm 2012 die Macquarie European Rail mit der australischen Macquarie Bank. 2008 wurden die französische Akiem, die zu SNCF-Geodis gehört, die Beacon Rail als Tochtergesellschaft der BTMU Capital Corporation sowie die Münchner Railpool (als Joint Venture der HSH Nordbank und der KfW IPEX-Bank) gegründet. 2014 übernahm die US-amerikanische Investmentgesellschaft Oaktree alle Anteile an Railpool und Beacon Rail wurde von Pamplona Capital Management aufgekauft.
Der Vollständigkeit halber seien noch die Deutsche Leasing, die Hannover Mobilien Leasing und die Anlagen Vermietgesellschaft mit kleineren Flotten erwähnt.

Die 185 587 (CB Rail) wurde im April 2011 von der HGK (Häfen und Güterverkehr Köln) eingesetzt und passiert hier Gemünden (Main).

1: Die einstige Veolia-Lok 186 182 fuhr im Februar 2011 für SBB Cargo.

2: ITL setzt die 186 242 von Alpha Trains ein.

3: Die 186 129 von Angel Trains Cargo war zeitweise an die Osthannoversche Eisenbahnen AG vermietet (27. Mai 2009).

4: 186 241 von ATC in DB-Diensten mit EC 45 in Berlin (5. Juni 2010). *Foto: Th. Wohlfarth*

mit DE-/AT-Zulassung, später erweitert für Ungarn. Die silberne Lok war zeitweise an die ungarische Eurocom vermietet.

Nach 57 Loks des Typs TRAXX F140 AC1 (185 501 – 557) wurde die Produktion auf die crashoptimierte Bauform TRAXX F140 AC2 umgestellt. Die 185 561 (Baujahr 2004) diente als erste Probelok für die neue AC2-Serie und wurde 2005 als 482 035 an die SBB Cargo ausgeliefert (siehe auch nachfolgendes Kapitel). Ähnlich erging es dem Versuchsträger 185 568, der 2006/2007 in silberner Farbgebung u.a. in den Niederlanden und auch mit ETCS zahlreiche Testfahrten absolvierte. Nach Umbau gelangte die Lok als 241.002 im Jahre

1

2

Im Haunetal ist die 185 676 (Railpool/EVB) am 3. März 2011 auf der Nord-Süd-Strecke Richtung Fulda unterwegs. *Fotos: J. Hörstel (5)*

2008 zu Hector Rail (siehe Skandinavien-Kapitel). 2005 erhielt die ITL eine weitere TRAXX in Form der 185 562 für Einsätze in Deutschland und Österreich. MRCE bestellte nach elf AC1-Loks zwei weitere Serien, die 2005/2006 als 185 563–567 und 185 569–574 geliefert wurden (Zulassung DE/AT/CH). 2012 folgten zwei weitere Exemplare (185 407 und 408) für Einsätze in Skandinavien. Raildox beschaffte 2012 und 2014 zwei Maschinen (185 409 und 419), die durch ihre Farbgebung in leuchtendem Blau-Orange auffallen.

Auch Angel Trains Cargo orderte nach den AC1-Loks zwischen 2006 und 2009 mehrere Teilserien der Bauart AC2: 185 575–577 (DE/AT/CH), 185 607–616 (DE/AT/HU), 185 617–619 und 185 633–634 (DE/AT) in Mint-Silber, 185 603–606 sowie 185 630–632 (DE/AT) in Rot für die HGK. Noch vor der Auslieferung wurden die 185 610 und 611 als 185 672 und 673 an Railpool geliefert und durch die ursprünglich für CB Rail vorgesehenen 185 636 und 637 ersetzt – der Grund dafür waren Auslieferungs- und Abnahmeverzögerungen durch die Kunden nach der Wirtschaftskrise 2008/09. Weitere zehn Maschinen gingen 2008/09 an CargoNet in Norwegen (185 620–629).

2007 beschaffte CB Rail vier Exemplare (185 578–581) mit DE-/AT-/HU-Zulassung für Crossrail, 2008 die Teilserie 185 582 und 584–589 in Rot für HGK (DE/AT/CH) und im Jahr darauf 185 635–639 (weiße Grundfarbe, DE/AT/HU), die jedoch schon 2010 an Railpool weiterverkauft wurden. Zwei weitere Loks mit Zulassung in Deutschland, Österreich und Ungarn erhielt 2008 die Budapester Eurocom Automation and Railway Technology über die Deutsche Leasing Hungaria als 481 001 und 002 (nicht zu verwechseln mit den ebenso bezeichneten und zeitweilig bei

3

4

den SBB eingestellten Loks auf Basis der DB-Baureihe 145). 2011 ging das Duo als 185 716 und 717 an Railpool.

Drei TRAXX AC2 (Zulassung DE/AT) kaufte die Havelländische Eisenbahn AG (HVLE) 2008/09: 185 583, 640 und 641 kommen in leuchtend orange-silberner Farbgebung u.a. auch im Inselbetrieb auf der mit 25 kV/50 Hz betriebenen Rübelandbahn im Harz zum Einsatz. Zwölf Exemplare mit DE-/AT-/CH-Zulassung (185 590–597, 185 599–602) bestellte die australische Allco, die jedoch kurz vor der Übergabe ihr Europa-Geschäft an die BTMU Capital Corporation verkaufte, die die Loks in violett-silberner Farbgebung unter den Namen Beacon Rail Leasing an Crossrail vermietete. Die für Veolia Cargo vorgesehenen 185 598, 649 und 650 (DE/AT) wurden 2009 in Weiß mit roten Kanten ausgeliefert, gehören nach Übernahme durch die SNCF inzwischen aber zur VC Holding und werden durch die SNCF-Leasingtochter Akiem gemanagt. Nicht weniger auffällig lackiert sind die sechs Lokomotion-Loks 185 661–666 (DE/AT, 2009; siehe auch das nachfolgende Kapitel).

Die 2008 in München gegründete Railpool machte gleich mit einer Großbestellung von 58 Lokomotiven, darunter 30 Stück des Typs AC2, auf sich aufmerksam. Die 185 671–700 wurden zwischen 2009 und 2012 geliefert, und zwar in den Varianten DE/AT/HU, DE/AT/SE/NO

Die 186 145 (Railpool) hat am 15. Mai 2015 bei Kreiensen den DGS 95020 aus Nachterstedt-Hoym samt der 185 696 am Haken. Ziel der Güterwagen ist Göttingen.

Die 186 132 von Angel Trains Cargo war längere Zeit als EU43-005 an PKP Cargo vermietet. Mit einem Stahlzug begegnet sie im Mai 2011 bei Braunschweig der 145 058.

Die Lokomotion-185er im Zebra-Look sind in Norddeutschland nur sehr selten anzutreffen. Am 9. März 2014 brachte die 185 662 den DPE 25048 von Hannover nach Nürnberg (bei Banteln).

Fotos: J. Hörstel (3)

sowie SE/NO. Sieben DE/AT/HU-Loks wurden bald auf DE/AT/SE/NO umgerüstet. 2011/12 kamen weitere zwölf Loks in der Version SE/NO (185 704–715) hinzu. Die Einsatzschwerpunkte liegen, abgesehen von Deutschland und der Achse nach Ungarn, in Schweden und Norwegen, wo CargoNet, Cargolink und TX Logistik die wichtigsten Nutzer sind. Das Railpool-Basisdesign in Silber variiert je nach EVU mit einem breiten seitlichen Streifen in Blau, Gelb oder Rot.

VIERSYSTEM-LOKOMOTIVEN

Rund zwei Drittel der TRAXX F140 MS2e wurden durch die Leasinggesellschaften Angel Trains Cargo, CB Rail und Railpool in den Jahren von 2007 bis 2010 bestellt, wobei aufgrund der Wirtschaftskrise ein Teil der Maschinen für den Railpool-Auftrag verwendet und entsprechend umlackiert wurde. Angel Trains Cargo (ATC) erhielt die TRAXX MS2e mit dem Länderpaket DE/AT/BE/NL als 186 111–122, die in den Niederlanden zum Einsatz kamen, sowie die für Belgien bestimmten 186 123–125 und 186 196–235 (SNCB 2801–2843) und 186 346–350 (SNCB 2901–2905). Im Gegensatz zu den SNCB 2801–2843 sind die SNCB 2901–2905 (186 346–350) für Deutschland, Belgien und Frankreich zugelassen. Die 186 126–128, 131, 132 und 134 mit dem Länderpaket DE/AT/PL kamen ab 2007 bei der PKP zum Einsatz. Auch die ATC-Loks 186 129, 130, 133 und 135 wurden für Deutschland, Österreich und Polen ausgerüstet und standen u.a. bei der OHE (186 129 und 133), der ITL, DB Fernverkehr sowie bei polnischen EVU unter Vertrag. Gleiches gilt für die 2008/2009 gelieferten 186 241–250. Die von DB Fernverkehr gemieteten 186er fahren planmäßig mit Nachtzügen bis an die polnisch-weißrussische Grenze bei Terespol/Brest. Ende 2014 tauschte DB Fernverkehr die ATC-186er gegen Railpool-186er.

Die zunächst für ATC vorgesehenen 186 101–110 (DE/AT/CH/IT/NL) wurden nach dem Zulassungsprozess 2009 an Railpool geliefert, ebenso die 186 251 und die ursprünglich für CB Rail vorgesehenen 186 141, 143, 145–147 (DE/AT/PL). Auch die 186 271–276 verfügen über das Länderpaket DE/AT/PL und waren zeitweise bzw. sind beim polnischen EVU Lotos unter Vertrag. Die 186 281–288 und 290 erhielten Zulassungen für die Achse Deutschland–Italien und sind bei Lokomotion im Einsatz, teilweise mit dem die Lackierung ergänzenden Zebra-Muster von Lokomotion. Die 186 289 und 291 wurden zusätzlich zum Länderpaket DE/AT/BE/NL auch für Tschechien und die Slowakei ausgerüstet und an Metrans vermietet. Gleiches gilt für die von Veolia bestellten, dann aber von Railpool erworbenen 186 181 und 182 sowie die im Auftrag von Railpool gebauten 186 183 und 187. Die weiteren Loks aus der Veolia-Bestellung (186 184–186) gehören inzwischen zu Akiem, ebenso wie seit 2014/15 die 186 188–191 (alle DE/BE/FR) und 186 261–267 (DE/AT/PL). CB Rail beschaffte 2008 die 186 136–140 mit dem Länderpaket DE/AT/PL und Grundfarbe Weiß; dazu 186 142, 144, 148–150 und 186 236–240 (DE/AT/NL/PL). Bis etwa Mitte 2016 erhält Railpool weitere 18 TRAXX MS (186 421–438) mit unterschiedlichen Länderpaketen, u.a. für den Verkehr Niederlande–Polen.

Jürgen Hörstel

Die Güterverkehrssparten von SBB und BLS waren sehr interessiert an Lokomotiven für den grenzüberschreitenden Einsatz sowohl nach Deutschland als auch nach Italien. Die Viersystemversion vereinfachte ab 2004 den alpenquerenden Güterverkehr nach Norditalien. Zwei Jahre später stand für das italienische Streckennetz eine TRAXX-Gleichstromvariante zur Verfügung.

SBB Cargo beschaffte 21 Viersystemloks (484 001–021) und vermietete fünf an Cisalpino (Bietschtalbrücke an der Lötschberg-Südrampe, April 2007). *Foto: A. Ritz*

ÜBER DIE **ALPEN**

Als im Jahre 2001 die 185-Produktion für die DB in vollem Umfang lief und für 2002 eine Teilserie mit dem „Schweiz-Paket" geplant war, löste die SBB Cargo eine Bestellung von zunächst zehn Loks der Bauart TRAXX F140 AC1 aus. Die ersten wurden noch 2001 gebaut, offiziell übergeben wurden die 482 000–009 im Juni 2002 mit einer Lokparade im Rangierbahnhof Zürich-Limmattal. Mit Zulassungen für die Schweiz und Deutschland waren Leistungen auf der Nord-Süd-Achse Köln–Rheintal–Basel–Gotthard vorgesehen. Die zweite Teilserie 482 010–034 wurde bis 2003 geliefert, danach folgte zwischen 2004 und 2006 analog der DB-185.0/185.2 der Wechsel zur TRAXX F140 AC2 mit 482 035–049. Diese 15 Loks erhielten zusätzlich die Zulassung für Österreich. Mit einem Rollout der 482 049 wurde die Lieferung an die SBB Cargo am 23. August 2006 im Werk Kassel offiziell abgeschlossen. Alle Loks sind mit roten Fronten und blau lackierten Seitenflächen mit großem Schriftzug „Cargo" ausgestattet. Nur die 482 009 war vorübergehend in Weiß mit Vollwerbung für „Holcim" unterwegs. Die Reihe 482 ist häufig in Deutschland zu sehen und kommt auch in den Norden, u.a. bis nach Hamburg oder Bremen. Allerdings wird trotz der Lokbeschriftung „SBB Cargo" nur ein Teil der Züge von SBB Cargo (bzw. seit 2010 von SBB Cargo International) selbst gefahren, da viele der 50 Exemplare in unterschiedlicher Konstellation an andere Bahnen vermietet waren bzw. sind, was nur gelegentlich an entsprechenden Zusatzbeschriftungen (z.B. 482 037 „Infraleuna") oder Änderungen des Designs (z.B. 482 042 für SETG) erkennbar ist.

BESTELLUNGEN AUS DER SCHWEIZ

Auch die 2001 von der BLS Lötschbergbahn gegründete BLS Cargo AG erhielt zwischen 2002 und 2004 in zwei Teilserien à zehn Stück insgesamt 20 TRAXX F140 AC1 mit Zulassung für Deutschland und die Schweiz. Die 485 001–020 fallen durch ihre Lackierung in leuchtendem Grün an den Fronten mit seitlichem Silbergrau auf. Als Einsatzgebiet waren vor allem die Lötschberg-Simplon-Achse sowie die Gotthardroute vorgesehen, zeitweise kam es auch zu Durchläufen bis Mannheim. Zwischen 2002 und 2015 hielt die DB Anteile an der BLS Cargo AG. Während dieser Zeit wurden BLS-Loks bei Bedarf auch durch DB Schenker anstelle von DB-185 eingesetzt, u.a. mit Sonderleistungen bis Frankfurt (Main) und in Ausnahmefällen sogar bis Rostock, Seelze oder Halle.

Ganz oben: 186 281 (Railpool) und 189 903 befördern im August 2013 auf der Brenner-Nordrampe unweit St. Jodok einen Lokomotion-Güterzug bergwärts.

Mitte: 186 286 und 185 674 (Railpool/Lokomotion) brachten am 6. Juli 2014 den EKOL-KLV-Zug TEC 41857 von München nach Tarvis (vor Bischofshofen). *Fotos: C. Eisenschink (2)*

BLS-486 509 mit Güterzug nach Basel überholt in Airolo die DB-185 131 und 122 (Juli 2014). *Foto: J. Hörstel*

CROSSRAIL

Als die ersten 35 Exemplare der SBB-Reihe 482 erfolgreich im Einsatz standen, bestellte SBB Cargo im Mai 2003 zunächst zwölf Loks zuzüglich optional sechs weitere der Multisystem-Variante TRAXX F140 MS2 (2006 wurden drei zusätzliche Maschinen geordert) – trotz Viersystem-Lok „nur" mit Zulassungen für Italien und die Schweiz. Nach dem Rollout der 484 001 in Kassel im Mai 2004 (mit der Fabriknummer 34 000 in der Henschel-/Adtranz-/Bombardier-Zählweise) wurden die 484 001 – 021 zwischen 2004 und 2006 ausgeliefert. Fünf bauartgleiche Loks erhielt 2006 MRCE Dispolok als 484 901 und 902 (zunächst an Crossrail vermietet) und 484 903 – 905 (zunächst bei SBB Cargo). Später wurden diese Loks an verschiedene italienische EVU vermietet, wie z.B. Veolia Cargo Italia, Arenaways, Interporto Servizi Cargo oder Oceanogate Italia. Das schwarze MRCE-Outfit tauschten 484 901 und 902 während ihrer Veolia-Zeit gegen ein rot/weißes, 484 901 war bei Arenaways in derem auffälligen Orange unterwegs.

Das Schweizer EVU Crossrail ist seit 2004 im transalpinen Verkehr über die Lötschberg-Simplon- und die Gotthard-Route mit Zügen vor allem zwischen Italien, Deutschland, Belgien und Holland unterwegs und fusionierte 2007 mit DLC. 2012 kamen neue Anteilseigner hinzu, u.a. der österreichische Spediteur Lkw Walter und die Schweizer HUPAC. 2007 erhielt Crossrail über CB Rail vier Loks vom Typ F140 AC2 (185 578 – 581), 2008 kamen über die BTMU Rail Capital Corporation (bzw. Beacon Rail Leasing) 185 590 – 597 sowie 185 599 – 602 hinzu. Alle Loks sind für Deutschland, Österreich und die Schweiz zugelassen. 185 578 bis 580 sind weiß lackiert mit rot-schwarzem

Gotthard-Nordrampe: Zwei DB-185er sind im Mai 2005 bei Wassen mit einem Güterzug nach Chiasso unterwegs. *Foto: F. Ritz*

482 009 von SBB Cargo im Holcim-Dekor als Schiebelok bei Wassen (April 2004). *Foto: A. Ritz*

Crossrail-Logo, 185 581 wirbt in Weiß für Ewals, 185 590 bis 597 sowie 185 599 bis 602 tragen das violett-silbergraue Farbkleid, wobei 185 595 und 596 seit 2010/2011 ganz in roter Farbgebung mit neuem Crossrail-Logo unterwegs sind.

Ähnlich wie zuvor SBB Cargo erhielt 2008 auch BLS Cargo für ihre Italien-Verkehre TRAXX F140 MS2e mit Zulassungen für Deutschland, Österreich, Schweiz und Italien (486 501–510). Seit Ende 2013 sind einige an Lokomotion vermietet. Im Gegenzug gab Lokomotion Railpool-186er mit Holland-Zulassung zurück. Seit 2013 fährt BLS Cargo mit Leasingloks von Railpool (TRAXX F140 MS2e, 186 101–106, 108, 109 und 251) über die „Rheinschiene" bis in die Niederlande.

Die 483 001 (TRAXX F140 DC) von Oceanogate besitzt nur eine Zulassung für Italien. Mit einem Containerzug La Spezia – Melzo (bei Mailand) rollt sie am 4. Juli 2012 durch Filattiera. *Foto: R. Latten*

Die Crossrail-Flotte wurde 2007/08 über CB Rail durch die Multisystemloks 186 901 – 907 ergänzt, die nicht nur eine DE-/AT-/CH-Zulassung besitzen, sondern auch in Italien fahren dürfen (alle weiß lackiert mit rot-schwarzem Crossrail-Logo). Weitere drei Loks dieser Serie (186 908 – 910) kamen 2008 zur italienischen Linea und später zu Crossrail Italia. Die zunächst für CB Rail vorgesehenen 186 911 – 915 wurden 2010 als 186 281, 282, 285, 283 und 284 an Railpool geliefert und von Lokomotion eingesetzt.

Die Lokomotion Gesellschaft für Schienentraktion begann 2001 mit zwei tägli-

Die Arenaways-483 018 überquert am 30. Juli 2011 mit dem IC 13982 (Santhià – Livorno) in der Nähe von Genua den Viadukt in Zoagli. *Fotos: A. Hitfield (2)*

Güterzug mit zwei BLS-Re 4/4, einer 185.5 in Farbgebung von Angel Trains Cargo und einer BLS-Re 485 bei Hohtenn auf der Lötschberg-Südrampe (2007). *Foto: A. Ritz*

SBB-484 007 in San Nazzaro am Lago Maggiore (Strecke Bellinzona – Luino), 7.9.2006.

Rechts unten: 186 904 und 901 (beide Crossrail) mit KLV-Zug nach Italien auf der Gotthard-Südrampe bei Giornico. *Foto: J. Hörstel*

chen KLV-Zugpaaren zwischen München und Verona. Neben Kombiverkehr und der Rail Traction Company (RTC) ist u.a. auch DB Schenker Rail an Lokomotion beteiligt.

LOKOMOTION-LOKS IM ZEBRA-DESIGN

2009 erhielt Lokomotion sechs TRAXX F140 AC2 (185 661 – 666) mit Zulassungen für Deutschland und Österreich. Auffällig ist deren Design: 185 661 – 663 in Weiß mit blauen „Zebra-Streifen", 185 664 und 665 in Weiß mit roten Kanten und Werbung für Kombiverkehr sowie 185 666 in Weiß mit roten „Zebra-Streifen". Die sechs Maschinen werden vor allem auf den österreichischen Alpentransit-Strecken eingesetzt, kommen aber im Güterverkehr und mit Sonderreisezügen auch bis ins Rhein-Ruhr-Gebiet, gelegentlich sogar bis Hamburg. Neben 186 281 – 285 sind für Lokomotion seit 2012/13 u.a. auch die Railpool-Loks 186 286 – 288, 186 290 (DE-/AT-/IT-Zulassung) sowie 186 271 (Zulassung Deutschland, Österreich und Polen) im Einsatz. 2015 folgten im Zebra-Design die

E 483.108 (Nordcargo) mit Güterzug Turin – Domodossola bei Premosello-Chiovenda (2010). *Foto: A. Hitfield*

Die gelb-schwarze 483 040 von Ferrotramviaria befördert im August 2013 bei Piacenza einen Containerzug aus Brindisi.

In der Po-Ebene bei Codogno hat die E 483.008 von Nordcargo im August 2013 einen Tonerdezug aus Limburg (Lahn) am Haken. *Fotos: R. Latten (2)*

neuen 186 440–444 mit DE-/AT-/IT-Zulassung. Inzwischen setzen die Partner Lokomotion und RTC auf der Brenner- und der Tauernachse insgesamt mehr als 60 Loks unterschiedlicher Bauarten ein.

GLEICHSTROMVARIANTE FÜR ITALIEN

Ausschließlich für den Gleichstrombetrieb ist die aus der TRAXX MS2 abgeleitete TRAXX F140 DC konzipiert. Die 483 001 wurde 2006 noch in Kassel endmontiert, alle weiteren zwischen 2007 und 2011 im italienischen Werk Vado Ligure. Die 483 001–020 gingen über den Vermieter Angel Trains Cargo (bzw. Alpha Trains) an verschiedene italienische EVU: 483 001, 006 und 007 an Railion Italia (RI), 483 002–005 an Rail Traction Company (RTC), 483 008–010 an Nordcargo (NC), 483 011–014 an Linea, 483 015–017 an Crossrail Italia und 483 018–020 an Arenaways. Über die Autorità Portuale di Savona kamen 483 021 und 022 an die Servizi Ferroviari (SerFer). 483 023–026 wurden von den Ferrovie Emilia Romagna (FER) bestellt, 483 030 und 031 von der Ferrovia Adriatico Sangritana (FAS), 483 040 und 041 von der Ferrotramviaria (FT), 483 051–057 von der General Transport Service (GTS) und 483 101–108 von den Ferrovie Nord Milano (FNM). Ende 2014 hat Akiem zehn Gleichstromloks für Einsätze in Italien und Polen bestellt, die 2015/16 geliefert werden sollen.

Jürgen Hörstel

Die 186 301 der DB-Tochter ECR brachte am 7. März 2014 einen Güterzug von Stiring-Wendel in der Nähe von Saarbrücken bis nach Cerbère an der spanischen Grenze (aufgenommen bei Mornas).
Foto: S. Off

In den Niederlanden werden lokbespannte Reisezüge mit Tempo 160 gefahren, während in Belgien die Güterzugleistungen eindeutig überwiegen. In Frankreich macht die DB-Tochter ECR der SNCF im Güterverkehr Konkurrenz und für Spanien wurde eigens eine TRAXX-Breitspurversion entwickelt.

ZWISCHEN AMSTERDAM UND GIBRALTAR

Seit vielen Jahren fahren TRAXX-Lokomotiven auch in Deutschlands westlichen Nachbarländern. Wegen der Elektrifizierung der Strecken in den Niederlanden, Belgien und in der Südhälfte Frankreichs mit Gleichstrom handelt es sich überwiegend um Multisystem-Loks. Noch mit den beiden klassischen Wechselstrom-Systemen bestellte die Luxemburgische Staatsbahn (CFL) im Jahre 2003 bei Bombardier 20 TRAXX P140 AC1, die als CFL-Baureihe 4000 in den Jahren 2004 und 2005 zur Ablösung der überalterten „Krokodile" der Reihe 3600 geliefert wurden. Schon zuvor mietete die CFL 2003 die 185 519 – 524 von Angel Trains Cargo an. Die 4001 – 4020 der CFL kommen vor allem mit Doppelstock-Wendezügen von Bombardier auf dem gesamten Luxemburger Streckennetz zum Einsatz und fahren über die Landesgrenze hinaus bis nach Trier. Inzwischen sind sie auch mehr oder weniger regelmäßig mit Güterzügen in Deutschland zu sehen (z.B. mit KLV-Zügen bis nach München oder Lübeck).

Die Betreibergesellschaft der niederländischen Neubaustrecke Amsterdam – Breda, High Speed Alliance (HSA), orderte Ende 2005 bei Angel Trains zwölf Exemplare der Bauart TRAXX F140 MS2e. HSA ist ein gemeinsames Unternehmen der Nederlandse Spoorwegen (NS) und der Fluggesellschaft KLM. Die Loks haben abweichend eine Höchstgeschwindigkeit von 160 anstatt 140 km/h. Die 186 111 – 122 wurden im Herbst 2008 ausgeliefert und der HSA zur Verfügung gestellt. Beabsichtigt war, die Loks mit modernisierten Wagen im Verkehr über die NBS Amsterdam – Rotterdam – Breda bis zur Betriebsaufnahme mit den V250-Fyra-Triebwagen von AnsaldoBreda einzusetzen. Der Verkehr Amsterdam – Rotterdam über die NBS begann im September 2009 und wurde 2010 bis Breda erweitert. Im Dezember 2012 gingen die V250-Triebwagen endlich in Betrieb, um die lokbespannten Züge ersetzen zu können, wurden jedoch kaum einen Monat nach dem Start des Regelverkehrs wegen vielfältiger Mängel wieder aus dem Verkehr gezogen. Nach derzeitigem Stand wird die Relation Amsterdam – Breda über die NBS bis mindestens 2020 mit lokbespannten Wagengarnituren gefahren. Solange werden die 186 111 – 122 bei der NS verbleiben. Die rot-weiße Farbgebung des ehemaligen Fyra-Konzepts wird jedoch

verschwinden, die Maschinen erhalten bei den seit September 2014 durchgeführten Hauptuntersuchungen das gelb-blaue Farbkleid der NS. Damit für die Relation Amsterdam – Breda ausreichend Loks zur Verfügung stehen und dieser Verkehr ausgebaut werden kann, bestellten die NS 2014 insgesamt 19 weitere TRAXX F140 MS2e mit dem Länderpaket DE/AT/BE/NL und einer Höchstgeschwindigkeit von 160 km/h. Die 186 001 – 019 wurden zwischen August 2014 und Anfang 2015 in gelb-blauer Farbgebung ausgeliefert und sind seit Dezember 2014 im Einsatz.

COBRA IN BELGIEN

In Belgien verfügt kein EVU über eigene TRAXX-Lokomotiven. Cobra, das Joint Venture von SNCB Logistics und DB Schenker, mietet seit 2008 insgesamt 43 Maschinen der Bauart TRAXX F140 MS2e von Alpha Trains (186 123 – 125 und 196 – 235). Sie sind bei SNCB Logistics mit den Nummern 2801 – 2843 immatrikuliert und kommen hauptsächlich im Güterverkehr Antwerpen – Aachen West – Köln zum Einsatz. Zu sehen sind sie aber auch vor SNCB-Güterzügen Antwerpen – Roosendaal (NL) – Bad Bentheim bzw. Roosendaal – Venlo (NL) und seit 2014 vor einer DB-Leistung nach Ludwigshafen. Die 186 225 (2833) ist seit April 2012 an das private EVU Railtraxx bvba untervermietet, das seit Mai 2013 auch die 186 123 von Alpha Trains im Bestand hat. Nicht alle Loks der Serie 2801 – 2843 werden von SNCB Logistics im Güterzugdienst eingesetzt, zwischen fünf und zehn Maschinen stehen auch dem belgischen Personenverkehrs-Bereich zur Verfügung. Die Benelux-Reisezüge Amsterdam – Brüssel, die nicht über die NBS Amsterdam – Rotterdam – Antwerpen verkehrten, wurden ab Herbst 2009 mit TRAXX bespannt, die die SNCB-Baureihe 1180 abgelöst haben. Als diese Züge im Dezember 2012 eingestellt wurden, wechselten die Loks in den Reisezugdienst Den Haag – Rotterdam – Brüssel.

Seit Dezember 2009 mietet SNCB Logistics von Alpha Trains auch die 186 346 – 350 (SNCB 2901 – 2905) an. Wie auch die Serie 2801 – 2843 gehören sie zur Bauart TRAXX F140 MS2e und sind in Frankreich, Belgien und Deutschland zugelassen. Sie kommen vorwiegend vor Güterzügen zwischen Nordwest-Frankreich (Tergnier) und Antwerpen zum Einsatz. Weiteren Zu-

Oben: Mit dem 41549 von Antwerpen nach Ludwigshafen trifft die 186 217 der SNCB am 6. Januar 2009 in Montzen ein.
Foto: A. Hitfield

Mitte: Die fabrikneue 186 001 der Niederländischen Eisenbahnen steht am 13. August 2014 in Rotterdam Centraal zur Fahrt nach Amsterdam bereit.
Foto: R. Latten

Rechts: CFL-4006 schiebt bei Michelau den RE 3761 Luxembourg – Troisvierges (2005). *Foto: J. Hörstel*

TROISVIERGES
TARIF ESCAPADE
BELGIQUE
1+1=46€
Allez une fois!
CFL
4006

Dieses Foto aus Nordspanien vom Juli 2013 zeigt die 253.040 der Renfe mit einem Mangan-Güterzug vom Hafen Santander nach Monzón-Río Cinca (nordöstlich von Zaragoza). Die Aufnahme entstand bei Celada.
Foto: J. López

Die 186 122 wird mit dem FYR 912 aus Amsterdam in Kürze in Breda eintreffen (26. Juli 2012).
Foto: A. Hitfield

Rechte Seite: Die 253.101 von Comsa Rail Transport ist im März 2010 mit einem Kohlezug von Aboño (bei Gijón) nach La Robla unterwegs.
Foto: J. López

wachs für die SNCB gab es Anfang 2015 durch die Railpool-Loks 186 181 (SNCB 2862) und 186 183 (SNCB 2861) für den Verkehr Amsterdam–Brüssel.

A LA FRANÇAISE

In Frankreich können ausländische Unternehmen oft nur schwer Fuß fassen. Dies galt auch für Bombardier mit dem TRAXX-Produkt, das in Frankreich gegen die Prima-Plattform von Alstom zu kämpfen hatte. Das erste französische EVU, das TRAXX-Lokomotiven einsetzte, war die zum DB-Konzern gehörende Euro Cargo Rail (ECR). Zunächst mietete ECR von März 2007 bis August 2008 von MRCE die 185 552–554 für die Kohlezüge Dunkerque–Varangéville. Ihr Einsatz erfolgte im Vorlauf zu den ersten eigenen Maschinen der Bauart TRAXX F140 MS2e, von der ECR 2007 insgesamt 20 Stück bestellt hatte (186 161–180). Die ersten beiden, 186 161 und 162, wurden im März 2008 in Kassel fertiggestellt und nach Frankreich überführt, um das Zulassungsverfahren einzuleiten, das im September 2008 abgeschlossen war. Zum gleichen Zeitpunkt lösten die ersten 186er die 185 552–554 ab. Zwischen Ende 2008 und Februar 2010 erfolgte die Lieferung der übrigen 18 Maschinen. Die ECR-TRAXX haben eine Zulassung für Frankreich, Belgien und Deutschland und werden gelegentlich auch außerhalb Frankreichs eingesetzt, vor allem zu den belgischen Seehäfen Antwerpen und Zeebrugge. Nach Deutschland gelangen die ECR-TRAXX von Frankreich aus bis nach Saarbrücken und Mannheim.

Im Mai 2009 bestellte DB Schenker 45 Exemplare der Bauart TRAXX F140 MS2e mit Zulassung DE/BE/FR, davon 20 in DB-Verkehrsrot (186 321–340). Die 25 Maschinen im weiß-gelben ECR-Outfit (186 301–320, 341–345) sollten direkt an ECR vermietet werden. Aber auch von der verkehrsroten DB-Schenker-Serie wurden einige Maschinen (186 321–332) ab Mitte 2010 zeitweise an ECR vermietet bzw. von ECR eingesetzt. Die 186 341–345 gingen ab April 2012 fabrikneu an ECR.

Die 186 184–186 (TRAXX F140 MS2e) waren 2009 für Veolia Cargo vorgesehen, kamen aber über Probefahrten nicht hinaus und gelangten bei der Übernahme der nichtfranzösischen Aktivitäten der Veolia Cargo durch die SNCF-Gruppe zur VC Holding. Diese vermietet sie seit Oktober 2013 über Akiem (Leasinggesellschaft der SNCF-Gruppe) an Fret SNCF. Zwischenzeitlich waren die fabrikneuen Loks vom weiß-roten Veolia-Farbschema in das Akiem-Silber umlackiert worden. 2015 hinzugekommen sind die von Bombardier an Akiem gelieferten 186 188–191, die ebenfalls an Fret SNCF vermietet sind. Die 186 184–186 werden wie die 186 188–191 von Fret SNCF seit Anfang 2014 vor dem Stahlpendel vom französischen Dunkerque nach Kinkempois in Belgien eingesetzt.

1668 MILLIMETER

Eine Besonderheit stellt die spanische Variante der TRAXX-Plattform in der Breitspurversion mit 1668 mm Spurweite für das 3-kV-Stromsystem dar: Die Spanische Staatsbahngesellschaft bestellte im November 2006 für ihre Gütersparte Renfe Mercancías 100 Stück TRAXX F140 DC als Baureihe S/253 (253 001–100). Die beiden ersten Maschinen wurden im November 2007 im Bombardier-Werk Vado Ligure fertiggestellt. Die 253 001 kam ins Siemens-Testzentrum Wegberg-Wildenrath für Probefahrten mit Regelspur-Drehgestellen. Insgesamt 55 Exemplare montierte das Werk Vado Ligure, alle anderen die Renfe-Werkstatt Villaverde nahe Madrid. Bei der spanischen TRAXX-Ausführung wird die serienmäßige Klima-Anlage hinter der Frontklappe durch eine Zusatzanlage auf dem Führerraumdach ergänzt. Nach der offiziellen Präsentation im April 2008 begann für die 253 001 der Testeinsatz im Regelverkehr u.a. auf der steigungsreichen Strecke La Robla–Pola de Lena (Robla-Pass-Strecke). Ende 2011 wurde das letzte Exemplar geliefert. Die 253 kommen vor Güterzügen auf dem gesamten elektrifizierten Breitspurnetz zum Einsatz. 2009 beauftragte das private EVU Comsa Rail Transport (CRT) Bombardier mit der Lieferung von drei TRAXX F140 DC in der Ausführung der Breitspurversion der Renfe-253. Die 253 101–103 wurden im Herbst 2009 von Vado Ligure nach Spanien geliefert.

Richard Latten
Jürgen Hörstel

Bis über den POLARKREIS

2008 wurden erstmals Güterzüge von Deutschland über Dänemark nach Schweden ohne Lokwechsel gefahren, Hector Rail war mit Zweisystemloks der Vorreiter. In Nordeuropa stellen die klimatischen Verhältnisse erhöhte Anforderungen an die Wintertauglichkeit. Aus diesem Grund waren technische Anpassungen erforderlich.

119 010 von CargoNet (185 629) mit Güterzug Trondheim – Oslo bei Kongsvoll auf der Nordrampe zum 1000 m hoch gelegenen Dovrefjell (Juni 2012).
Foto: J. Hörstel

Auch wenn erste Probefahrten im hohen Norden mit der Baureihe 185 bereits zwischen 2000 und 2003 durchgeführt worden sind, sollte es einige Jahre bis zu Bestellungen und planmäßigen Einsätzen der nordischen Eisenbahnverkehrsunternehmen dauern. Für den Eisenbahnverkehr von Schweden über Dänemark nach Deutschland stellte das von den Nachbarstaaten abweichende Stromsystem in Dänemark (25 kV/ 50 Hz) eine Hürde dar. Erst die Weiterentwicklung der Mehrsystemloks und deren Ausstattung mit Länderpaketen für die jeweiligen Zugsicherungssysteme ermöglichte es, auf den Lokwechsel an den Grenzen zu verzichten. Als „Vorreiter" kann sich in diesem Zusammenhang das 2004 in Schweden gegründete EVU Hector Rail (HR) betrachten, das als erstes Unternehmen – noch vor der DB AG – ab April 2008 Güterzüge durchgehend zwischen Skandinavien und Deutschland mit TRAXX-Loks bespannte.

SKANDINAVIEN-PAKET

Für seine ersten Transportaufträge nutzte Hector Rail noch geliehene oder gebrauchte Lokomotiven (u.a. Rc3 der SJ, die ehemaligen NSB-Erzbahnloks El15 sowie von den ÖBB erworbene Loks der Reihen 1012 und 1142) – trotz eines finanziell starken Hintergrunds mit der Høegh Capital Partners Investments Limited und der norwegischen Reeder-Familie Høegh als Mehrheitseigner. 2007 bestellte Hector Rail bei Bombardier Neubauloks vom Typ TRAXX F140 AC2, die mit den Sicherungssystemen für Schweden, Dänemark und Deutschland ausgerüstet und als Reihe 241 eingestellt wurden. Die ersten beiden, 241.001 und 002 (die ehemalige Demonstratorlok 185 568), wurden bereits wenige Monate nach der Bestellung im Spätsommer 2007 geliefert und begannen mit Testfahrten in Dänemark und Schweden. Weitere vier Maschinen folgten bis Mitte 2008. Nach der Zulassung konnte Hector Rail mit diesen Loks ab 22. April 2008 Züge des Kombinierten Verkehrs durchgehend vom schwedischen Norrköping bis Wanne-Eickel bespannen. Zwei der neuen, aber noch nicht benötigten TRAXX-Loks waren im Jahr 2008 vorübergehend leihweise bei TX Logistik in Deutschland vor Autotransport- oder Containerzügen auf der Nord-Süd-Strecke u.a. zwischen Bremerhaven und Regensburg im Einsatz. Danach wuchs der Bestand durch Lieferungen von jeweils zwei MaschinenEnde 2008 (241.007 und 008) sowie Mitte 2009 (241.009 und 010). Eine weitere Nachbestellung komplettierte Ende 2011 den heutigen TRAXX-Bestand von Hector Rail (241.001 – 012).

Auch die DB AG entschied sich Anfang 2007, aus der 185-Lieferung eine Teilserie von 17 Loks (185 321 – 337) mit dem „Skandinavien-Paket" auszurüsten. Diese nahmen zwischen Ende 2007 und Dezember 2008 den Betrieb auf. 185 321 – 331 und 335 – 337 gingen an Railion Denmark, 185 332 – 334 an die schwedische Green Cargo (GC). Alle Maschinen wurden in die im Dezember 2007 gegründete gemeinsame Produktionsgesellschaft Railion Scandinavia eingebracht (ab Anfang 2009: DB Schenker Rail Scandinavia), an der Railion Denmark 51% der Anteile hält, Green Cargo 49%. Green Cargo bestellte Anfang 2008 weitere sechs Loks, die 2009 als 185 401 – 406 geliefert wurden. Da GC buchmäßig bereits 185 332 – 334 erhalten hatte, gingen von dieser Teilserie 185 401 – 403 weiter an DB Schenker Rail, 185 404 – 406 über Green Cargo

an DB Schenker Rail Scandinavia. (Zur weiteren „Verwirrung“: 185 404 und 405 waren 2012 und 2013 wiederum an TX Logistik vermietet, 2014 dann an die IGE, 185 406 seit 2013 ebenso an die IGE ...) Erste durchgehende DB-Leistungen von Schweden nach Deutschland wurden ab Juni 2008 wenige Monate nach dem Einstieg von Hector Rail gefahren.

CARGONET

Die ehemalige Gütersparte der Norwegischen Staatsbahnen, NSB Gods, ging Anfang 2002 in der neuen CargoNet auf, an der die NSB 55% der Anteile hielt und die schwedische Green Cargo 45%. 2010 gab Green Cargo allerdings ihren Anteil an die NSB zurück. Anfang 2008 wurde für drei Jahre ein Leasingvertrag mit Angel Trains Cargo (später Alpha Trains) über zehn TRAXX F140 AC2 geschlossen. In Betrieb gingen 185 620–629 (in Norwegen als 119 001–010 bzw. El19 bezeichnet) zwischen Ende 2008 und Mitte 2009. Die Loks kamen zunächst hauptsächlich auf den Strecken Oslo–Bergen (Bergenbahn) und Oslo–Stavanger (Sørlandsbahn), später auch zwischen Oslo und Trondheim (Dovrebahn) zum Einsatz. 2012 wurden 119 001 und 002 wieder zurückgegeben und vorübergehend durch Hector Rail gemietet, 119 003 wurde nach einer Entgleisung im norwegischen Dombås auf dem Straßenwege zur Reparatur nach Dessau transportiert. Die bei CargoNet verbliebenen 119 004–010 wurden ab Mitte/Ende 2011 durch acht Railpool-Loks (185 706, 708–714) auf insgesamt 15 Maschinen aufgestockt und kehrten Ende 2014 zum Großteil nach Deutschland zurück – nunmehr in der neuen Alpha-Trains-Farbgebung in Hellgrün-Silbergrau. Während auf den norwegischen Hauptstrecken inzwischen wieder vermehrt die älteren, sechsachsigen El14 (Baujahre 1968–1973) sowie zeitweise von den NSB geliehene El18 vor Güterzügen anzutreffen waren, hat sich das Einsatzgebiet der TRAXX-Loks nach Schweden ausgeweitet, auch auf die über 2000 km lange Strecke von Oslo über das schwedische Kiruna nach Narvik (Norwegen).

Seit Ende 2012 betreibt CargoNet (mit 40% Anteil) zusammen mit dem schwedischen Transport- und Bauunternehmen Sandahlsbolagen innerschwedische KLV-Transporte zwischen Nässjö, Göteborg, Umeå und Luleå unter dem Namen Real Rail. Vor den ehemals von Green Cargo geführten Zügen kommen nun auch die CargoNet-TRAXX-Loks zum Einsatz. Nur vorübergehend war die 2007 gegründete Peterson Rail in Norwegen und

Hector Rail war Vorreiter auf der Achse Schweden – Deutschland: 241.003 „Organa" durcheilt Lunderskov in Dänemark (September 2012).

185 410 von Rush Rail ist bei Storsund mit einem Holztransport von Borlänge in Mittelschweden in die Hafenstadt Gävle unterwegs (26. Mai 2013). *Foto: R. Latten*

Die 185 324 der DB verfügt über ein Skandinavien-Paket. Nördlich von Padborg fährt sie mit Wechselstrom 25 kV/50 Hz (22. Mai 2010). *Fotos: J. Hörstel (2)*

Schweden vor allem zur Versorgung der norwegischen Peterson-Papierfabrik u.a. mit den Railpool-185 675, 686, 687 und (kurzzeitig) 715 aktiv. Zuvor hatte Peterson Rail die schwedische Inlandsgods mit den Transporten beauftragt, nach deren Insolvenz im August 2007 aber ein eigenes EVU gegründet. Nach dem Konkurs von Peterson Rail im Mai 2012 gingen die Loks zurück nach Deutschland.

Nach der Bestellung der sechs 185 für DB Schenker Rail Scandinavia (s.o.) orderte Green Cargo im Oktober 2008 für eigene Binnenverkehre 16 TRAXX-Loks (Re 1423 – 1438), die 2009 und 2010 in leuchtendem Grün mit gelben Zierstreifen und großen Aufschriften („Green Cargo", „Pure Performance") geliefert wurden. Anlass war ein zehnjähriger Transportauftrag des schwedischen Stahlkonzerns Swedish Steel (SSAB) für Transporte zwischen dem nordschwedischen Luleå und

Ab Dezember 2011 fuhr die 185 707 für die Skandinaviska Jernbanor mit dem aus älteren Wagen gebildeten „Blå Tåget" zwischen Göteborg, Stockholm und Uppsala (bei Hallsberg, Juni 2012).

Die schwedische Green Cargo hat 2009/10 insgesamt 16 TRAXX AC2 erhalten. Die Re 1436 steht im September 2014 in Hallsberg zum Einsatz bereit, rechts sind Loks von Hector Rail zu sehen.
Fotos: J. Hörstel (4)

Borlänge sowie Oxelösund. 2013 verlagerten sich die Haupteinsatzgebiete jedoch nach Südschweden und in den grenzüberschreitenden Verkehr Richtung Norwegen.

Der norwegische Autoimporteur Autolink gründete 2008 zur Ablösung der bis dahin beauftragten Narviker Ofotbanen AS (OBAS) sein eigenes EVU Cargolink. In der Anfangsphase (2009/2010) wurden von Hector Rail bis zu drei Loks der Reihe 241 ausgeliehen, bevor diese ab Ende 2010 durch ähnliche TRAXX-Loks vom Vermieter Railpool (185.6 und 186.7) ersetzt wurden. Gefahren wird von Drammen bei Oslo nach Stavanger, Bergen und Trondheim. Neben Autotransporten stieg Cargolink zwischenzeitlich erfolgreich auch in Containertransporte und den Wagenladungsverkehr (in Form einzelner Wagengruppen für einzelne Kunden) ein.

Seit der Gründung 2004 ist TX Logistik Schweden vor allem bei Holzverkehren sowie intermodalen Transporten tätig. Der Kombinierte Verkehr läuft hauptsächlich über die Häfen Malmö und Trelleborg auf der Nord-Süd-Achse Schweden–Italien. Aus dem TRAXX-Bestand von Railpool mit Zulassungen in Norwegen und Schweden hat TX Logistik seit 2010/2011 mehrere Maschinen geleast (185.6 und 185.7). Über MRCE Dispolok erhielt TX Logistik 2012 noch 185 407 und 408 mit Zulassungen in Deutschland, Dänemark und Schweden, lackiert im MRCE-Schwarz mit silbernen Seitenflächen und TX-Logistik-Werbung. Ende 2013 kamen zwei silberne TRAXX AC2 (185 417 und 418) mit Zulassungen in Deutschland, Österreich, Dänemark und Schweden hinzu.

LEASINGLOKS IN SCHWEDEN

Die Stockholmer Skandinaviska Jernbanor ist im Dezember 2011 in den Reisezugverkehr zwischen Göteborg, Stockholm und Uppsala in Konkurrenz zur Staatsbahn SJ eingestiegen. Vor dem „Blå Tåget" mit älterem Wagenmaterial der SJ in dunkelblauem Anstrich und ehemaligen DB-Speisewagen kamen 185 704 und 185 707 von Railpool zum Einsatz. Ab Dezember 2013 übernahmen 160 km/h schnelle Vectron-Loks diese Züge. Die neuen 185 704 und 705 fanden nach ihrer Ablieferung 2011 zunächst für einige Monate als provisorische Spannungsstützung (Blindleistungskompensation) im italienischen Domodossola Verwendung. Sieben TRAXX F140 AC2 erhielt das schwedische EVU Rush Rail im Jahre 2012, finanziert durch Bure Equity. Die schwarz lackierten und mit Logos im Graffiti-Stil versehenen 185 410–416 kommen im Container- und im Holztransport in Schweden zum Einsatz, u.a. auf den Strecken Göteborg–Stockholm, Malmö–Stockholm, aber auch bis Borlänge und Sundsvall in Mittelschweden. Ähnlich wie bei Hector Rail erhielten auch die Rush-Rail-Loks individuelle Namen, und zwar die der „7 Zwerge" nach der englischen Disney-Version. Schließlich ist auch die 2009 an die MGW gelieferte, dunkelblau lackierte 185 642 zu

Die 185 707 wechselte von Schweden zu Cargolink nach Norwegen. Am 16. September 2014 beförderte sie östlich von Finse einen Güterzug von Bergen über das Hochgebirge nach Oslo.

Die schwedische Coop Logistik setzt seit 2009 KLV-Züge ein, um 750 Coop-Filialen mit Waren zu versorgen. Die 185 417 von TX Logistik fährt bei Önnabo mit einem Zug von Stockholm nach Helsingborg (18.9.2014).

erwähnen. Diese Lok ist neben Deutschland, Österreich auch in Schweden und Norwegen zugelassen und fuhr bereits von 2009 bis 2011 für TX Logistik in Schweden, zwischenzeitlich in Deutschland, seit 2013 wieder in Schweden für Hector Rail. MGW ist Instandhaltungsdienstleister für Hector Rail in deren Stützpunkt im mittelschwedischen Hallsberg. Seit Anfang 2015 ist auch die ehemalige CargoNet-119 006 für Hector Rail im Einsatz.

Der schwedische und norwegische Bahnmarkt ist geprägt durch eine vergleichsweise hohe Fluktuation von Verkehrsunternehmen und Leasingloks. Der Durchbruch kam erst 2008, nach Hector Rail und DB Schenker entschieden sich mehrere Unternehmen, TRAXX-Loks zu kaufen oder zu mieten. In Nordeuropa stellen die häufig extremen winterlichen Verhältnisse erhöhte Anforderungen an die Wintertauglichkeit. Nach den Messfahrten in den Jahren 2000 bis 2003 wurden u.a. die Schneeräumer umgestaltet und die Führerraum-Isolierung verbessert. Die 185.7 erhielten über einem Führerraum ergänzende Dachaufbauten (Widerstand für den Störstromfilter, mit Profilen geschützt vor Beschädigungen durch Eiszapfen, die beispielsweise von der Tunneldecke herabhängen) sowie zusätzliche Schutzstangen vor den Bremsleitungskupplungen zwischen den Puffern (wichtig bei Tierunfällen).

Jürgen Hörstel

IM OSTEN WAS NEUES

Nach der Zulassung der Viersystemloks in Polen im Oktober 2007 erweiterte sich das TRAXX-Einsatzgebiet in Richtung Osten. 2011/12 wurden an die ungarische MÁV 25 Exemplare des Typs P160 AC2 geliefert und seit 2014 ist die MS2e-Ausführung bei Metrans in Tschechien immatrikuliert.

Die EU47-006 von KM (Typ P160 DC; erste Nummer: 583 006) ist im Oktober 2011 mit einem Reisezug aus Radom in Warszawa-Zachodnia eingetroffen. *Foto: A. Hitfield*

Die Metrans-386 fahren u.a. zwischen Hamburg und Tschechien. 386 008 und 122 046 müssen im April 2015 in Zalhostice vor einer Baustelle warten. *Foto: J. Hörstel*

Erst 2008 hat sich das Verbreitungsgebiet der TRAXX-Plattform ostwärts ausgedehnt und auch Polen erreicht. Bis dahin setzten die polnischen EVU mit ihrem überalterten Fahrzeugpark wegen begrenzter Finanzmittel eher auf die Modernisierung des alten Materials. Bei den meisten in Polen eingesetzten TRAXX handelt es sich um Leasingloks (siehe auch das Kapitel „Miete statt Kauf"). Nach der polnischen Zulassung der F140 MS2e im Oktober 2007 mietete PKP Cargo ab Januar 2008 bei der damaligen Angel Trains Cargo sechs Exemplare (186 126–128, 131, 132 und 134) an. Mit der Bezeichnung EU43-001–006 und mit Werbefolie in den neuen Hausfarben wurden sie ab Ende April 2008 für vier Jahre im Güterzugdienst Poznań–Seddin eingesetzt, zeitweise im Ost-West-Verkehr durch Deutschland hindurch auch bis Aachen.

Die im Eigentum der polnischen Provinzen stehende Przewozy Regionalne (PR) mietete ab November 2009 bei Railpool eine TRAXX F140 MS2e (186 143) für die InterREGIO-Züge Bydgoszcz–Warschau. Zwei Monate später folgten 186 141 und 145, die kurzzeitig vor den InterREGIO-Zügen Wrocław–Rzeszów und Rzeszów–Warschau zum Einsatz gelangten. Auch die Provinz Śląsk (Schlesien) gründete mit der Koleje Śląskie (KS) ein eigenes EVU für den regionalen SPNV. Zunächst kamen im Vorlauf die von Lotos Kolej gemieteten 186 146 und 272 mit ebenfalls gemieteten Wagen der Tschechischen Staatsbahn ČD zum Einsatz. Ab Ende 2012 wurde der Mietvertrag auf 16 Maschinen (E 186 141, 146, 271–276 und E 483 251–258) erweitert, mit der Begründung zu hoher Mietpreise jedoch schon Ende Mai 2013 wieder beendet.

Solider war dagegen das Konzept der für den Regionalverkehr um die Hauptstadt Warschau verantwortlich zeichnenden Koleje Mazowieckie (KM), die 2011 insgesamt elf Exemplare der Bauart P160 DC kaufte (E 583.001–011, KM-Bezeichnung EU47-001–011). Schon 2008/09 hatte Bombardier 37 Doppelstockwagen an KM geliefert, die mit den TRAXX-Loks hauptsächlich zwischen Warschau und Radom im Einsatz sind, im Sommer für Strandtouristen auch zwischen Warschau und Gdynia.

Das private EVU Pol-Miedź Trans (PMT) erhielt im Juni 2011 zwei TRAXX F140 DC aus Vado Ligure (E 483.201 und 202), die im Südwesten Polens im Güterzugdienst eingesetzt werden. Für fünf Jahre mietete Lotos Kolej ab 2010 bei Railpool neun F140 MS (186 136, 137, 139, 141, 143, 145–147 und 271) sowie ab Ende 2010 weitere fünf weitere (186 272–276). Lotos Kolej ist eine Tochtergesellschaft der Lotos-Raffinerie in Gdańsk und landesweit hauptsächlich verantwortlich für die Verteilung von Lotos-Brennstoffen. Seit 2012 sind auch acht F140 DC von Railpool im Bestand (E 483 251–258). Ein Teil der Loks wurde jedoch 2013 zurückgegeben. Gekauft hat Lotos hingegen zehn Dieselloks des Typs TRAXX F140 DE (siehe nachfolgendes Kapitel).

Bei Freightliner PL, Tochtergesellschaft des EVU Freightliner aus Großbritannien, weilten zwischen 2011 und 2013 nur relativ kurz drei TRAXX F140 MS2e von Alpha Trains (E 186 244, 245 und 249). Das EVU ORLEN KolTrans versorgt die Orlen-Brennstoffverkaufsstellen in Polen und setzte ab Dezember 2011 die E 186 248 und 250 von Alpha Trains ein, 2013 auch E 186 133 und 134 sowie seit Mitte 2014 die Akiem-TRAXX F140 MS2e E 186 261–263 (Zulassung DE/AT/PL). Das polnische EVU Transchem mietet seit Mai 2014 die E 186 126 von Alpha Trains. Drei weitere TRAXX (E 186 127, 128 und 131) wurden nach 2012 an die ITL vermietet, die die Maschinen der ITL Polska für Einsätze in Polen zur Verfügung stellt.

Mehrmals wurden TRAXX-Loks in Ungarn präsentiert, doch führten Finanzierungsprobleme der MÁV Trakció mehrmals zur Verschiebung des Auftrags über 25 Exemplare des Typs TRAXX P160 AC2. Die 480 001–025 wurden schließlich 2011/12 ausgeliefert und kommen fast ausschließlich im ungarischen Binnenverkehr sowie vor EC-/EN-Zügen Budapest–Bukarest zum Einsatz. Die Option über weitere 25 Maschinen wurde bisher nicht eingelöst.

Zu den ersten in Tschechien immatrikulierten MS2e gehören die 386 001–020, die ab September 2014 mit dem (neu kombinierten) Länderpaket DE/AT/PL/CZ/SK/HU an Metrans geliefert wurden.

Richard Latten
Jürgen Hörstel

Links oben: E 186 250 von Orlen KolTrans rollt mit einem Kesselwagenzug am 26. Mai 2014 durch Rurka (nördlich von Stettin). *Foto: R. Latten*

480 003 und 004 der MÁV (P160 AC2) mit Reisezügen im ungarischen Győr (23. Juli 2014). *Foto: Th. Wohlfarth*

Abseits der OBERLEITUNG

Als weitere Entwicklung lag es für Bombardier nahe, auch eine dieselelektrische TRAXX-Version zu realisieren. Ein Konzept lag schon länger vor, jedoch zögerte man, einen Prototyp zu bauen – die Absatzlage war zu unklar, zumal die DB die Ausschreibungen zur Lieferung einer größeren Anzahl von Dieselloks mehrmals stornierte. Pilotkunde wurde schließlich die Landesnahverkehrsgesellschaft Niedersachsen (LNVG), die 2005 elf Exemplare des Typs TRAXX P160 DE für ihren Fahrzeugpool bestellte. Die Verkehrsausschreibung der Unterelbebahn Hamburg – Cuxhaven sah ab Dezember 2007 den Einsatz von Doppelstockzügen mit den TRAXX DE vor. Hier konnte sich, wie schon auf anderen Strecken von Hamburg in Richtung Niedersachsen, die Metronom Eisenbahngesellschaft als EVU durchsetzen.

Nach Präsentation der ersten TRAXX DE auf der Innotrans 2006 wurde die komplette Serie 246 001 – 011 im Farbkonzept des LNVG-Pools (Weiß, Gelb und Blau) 2007 ausgeliefert. Mitte 2007 war auch die erste Maschine in der Güterzugversion TRAXX F140 DE fertiggestellt: Die

Den 160 km/h schnellen Dieselloks des Typs P160 DE von 2006 folgte im Jahr darauf eine Variante für den Güterverkehr mit Tatzlagerantrieb und einer Höchstgeschwindigkeit von 140 km/h. Beide verfügen über einen MTU-Dieselmotor mit 2200 kW Nennleistung.

Oben: Die 246 001 war die erste TRAXX DE. Am 23. April 2008 pendelte sie mit Doppelstockwagen auf der Unterelbebahn Hamburg – Cuxhaven (bei Wingst). *Foto: J. Hörstel*

Links: Die 285 116 von RheinCargo hat am 15. April 2015 bei Hofermühle im Angertal einen Ganzzug am Haken. *Foto: M. Henschel*

285 001 war Bestandteil eines Auftrags von CB Rail über 35 Lokomotiven, darunter zehn TRAXX DE. Die 285 102–110 (abweichend von der 285 001 ohne Zugsammelschiene) folgten bis 2008. Ursprünglich sollten die ersten Loks dieser Serie mit einer Zugsammelschiene ausgerüstet werden und die Betriebsnummern 285 002 ff. erhalten.

Ein Blick auf die technischen Daten (siehe Tabelle auf Seite 69) zeigt die weitgehende Ähnlichkeit der F140 DE mit der 160 km/h schnellen Reisezugversion P160 DE. Wegen der niedrigeren Geschwindigkeit im Güterverkehr genügten für die F140 DE Tatzlagerantriebe, die P160 DE hingegen wurde mit einem Hohlwellenantrieb ausgestattet. Die Dienstmasse der F140 DE liegt rund 2 t niedriger als bei der Schwestertype. Die P160 DE erhielt das Nahverkehrspaket mit Fahrgastinformationssystem, das in der F140 nicht benötigt wird. In nahezu allen übrigen Bereichen sind beide Versionen identisch, z.B. verfügen beide Loktypen über einen 2200 kW starken MTU-Dieselmotor. Der „Gleichteileanteil" beträgt bei der TRAXX DE über 70%, d.h. in diesem

Die 246 011 wurde für den niedersächsischen Fahrzeugpool beschafft und 2011 an die IGT verkauft. Am 1. Oktober 2012 überführte sie bei Seesen einen Triebwagen von der Innotrans in Berlin nach Frankreich.
Foto: J. Hörstel

Lotos Kolej: 650 020 mit Gaskesselwagen (Bioethanol für Karlsruhe) und 650 023 mit Containerzug kreuzen am 29. September 2013 im Bahnhof Krosno Odrzanskie (Strecke Guben – Czerwiensk).
Foto: Ch. Grimm

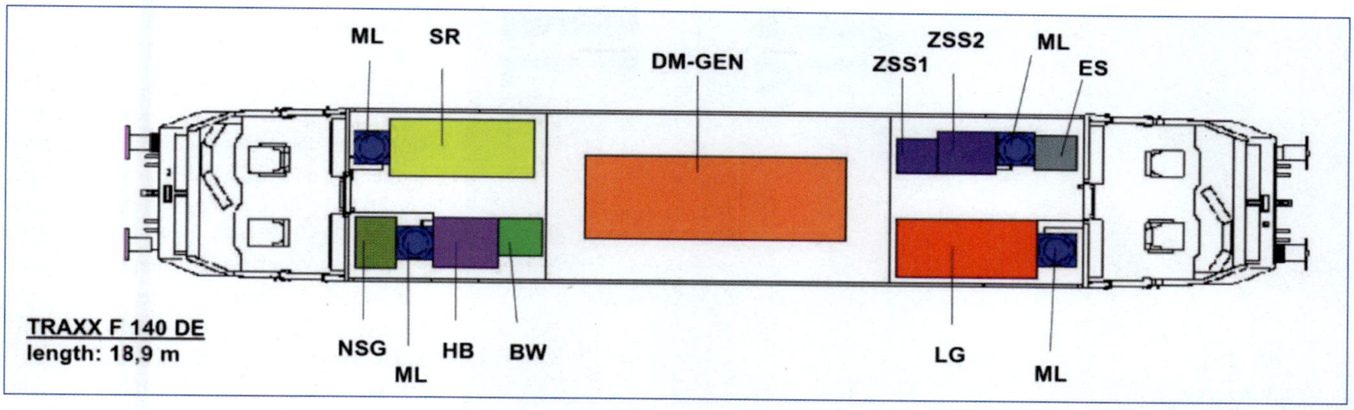

BW	Bremswiderstand	ML	Motorlüfter
DM-GEN	Dieselmotor + Generator	NSG	Niederspannungsgerüst
ES	Elektronikschrank	SR	Stromrichter
HB	Hilfsbetriebegerüst	ZSS	Zugsicherungsschrank
LG	Luftgerüst		

TECHNISCHE DATEN DER BAUREIHEN 246 UND 285

Baureihe	246	285
TRAXX-Typ	P160 DE	F140 DE
Dieselmotor (Abgasnorm)	MTU 16 V 4000 (UIC II)	
Nennleistung des Dieselmotors	2200 kW	
Höchstgeschwindigkeit	160 km/h	140 km/h
Antriebsart	Hohlwellenantrieb	Tatzlagerantrieb
Anfahrzugkraft	270 kN	
Elektrische Bremskraft	150 kN	
Dienstmasse mit ²/₃ Vorräten	ca. 82 t	ca. 80 t
Radsatzfolge	Bo'Bo'	
Länge über Puffer	18900 mm	
Volumen des Kraftstofftanks	4000 l	

Umfang finden identische Bauteile auch bei den anderen TRAXX-Loks Verwendung. Dies gilt für den Wagenkasten, dessen Maße vereinheitlicht sind, für die Drehgestelle, Stromrichter und Fahrmotoren. Der Kasten ist sowohl für Diesel- als auch für Elektro-TRAXX-Versionen verwendbar – erkennbar an den teilweise leicht abgesetzten Seitenblechen, die auch bei den Elektroloks die Öffnungsmöglichkeiten für die Kühlanlage des Dieselmotors erkennen lassen.

CB Rail vermietete die 285 001 an die HVLE, einige Zeit auch die 285 102. Mehrere Maschinen fuhren bzw. fahren für ITL. Eine interessante Lackierung in Braun mit orangefarbenen Streifen trägt seit 2014 die 285 103 der HSL Logistik. Die ursprünglich für CB Rail vorgesehene 285 110 wurde 2009 für Einsätze in Deutschland, Belgien und den Niederlanden umgebaut und als Testlokomotive für die bevorstehende Lieferung an die SNCF Fret für eine Leistung von 2400 kW aufgerüstet (verbunden mit der Umzeichnung in 476 103, später als 076 101 bezeichnet). Als Ersatz erhielt CB Rail im Jahr 2010 die nachgebaute 285 111.

Im Herbst 2008 konnte Bombardier die Bestellung von 80 Exemplaren des Typs TRAXX F140 DE für die SNCF als Baureihe BB (4)76000 vermelden (die Ziffer 4 steht für die SNCF-Tochter SNCF Fret), davon 45 in einem Erstabruf zur Lieferung ab Mai 2010. Noch 2008 gründete die SNCF die Leasingtochter Akiem, die einen Teil dieser Maschinen erhalten sollte. Wegen der Wirtschaftskrise reduzierte die SNCF jedoch die Stückzahl auf nur noch 15 Akiem-Loks mit 2400 kW (76001–004 und 76101–111), davon die ersten vier mit Zulassung für Frankreich, Belgien und die Niederlande, die anderen elf für Deutschland, Belgien und die Niederlande. Nachdem die ersten Maschinen noch das grün-graue Fret-Outfit erhalten hatten, wurde die 76002 auf der Transport Logistic 2011 in München in silberner Akiem-Farbgebung präsentiert – aber ohne Abnahme des Bestellers. Fünf Jahre später wurde der ursprüngliche SNCF-Auftrag zugunsten von Elektroloks (TRAXX MS und AC3, Lieferung ab 2014) umgewandelt. Die schon fertiggestellten 2400-kW-Dieselloks verblieben bei Bombardier und gingen schließlich an andere EVU, so z.B. 2013 die als 76 103–76 107 vorgesehenen Maschinen als 285 112–116 (bzw. DE 801–805) an die neu gegründete RheinCargo (Gemeinschaftsunternehmen der HGK mit den Neuss-Düsseldorfer Häfen), 2014 drei Stück (ursprünglich vorgesehen als 76 101, 102 und 108) als 285 117–119 an Captrain. Mit ihrer SNCF-Nummer ist die 76 109 seit 2014 an Raildox vermietet, die 76 110 an die Press und die 76 111 an SWT (Stahlwerk Thüringen).

Auch in den LNVG-Fahrzeugpool kam Bewegung: Da letztendlich ein geändertes

Die 76 002 wurde im Mai 2011 auf der Transport Logistic in München im Akiem-Outfit ausgestellt.

Die HVLE-285 102 bringt im April 2009 die 186 114 und 117 (NS Hispeed) in die Niederlande.
Fotos: J. Hörstel (2)

RheinCargo-DE804 mit Containerzug Rotterdam – Köln bei Vuren (April 2014).
Foto: R. Latten

KEINE GROSSEN SERIEN

Umlaufkonzept mit geringerem Lokbedarf realisiert wurde, verkaufte die LNVG 2011 die 246 001 und 010 an die HVLE, wo sie orange-silber lackiert wurden. Infolge reparaturbedingten Lokmangels fuhr die 246 010 aber 2014 fast das ganze Jahr über (und erneut ab Ende 2014) bei Metronom als Ersatzlok. Die Inbetriebnahmegesellschaft Transporttechnik (IGT) übernahm Anfang 2012 endgültig die zuvor schon ausgeliehene 246 011 für Probe- und Überführungsfahrten. Diese ist seit Januar 2015 auch bei Metronom als Ersatzlok im Einsatz.

Zehn TRAXX F140 DE lieferte Bombardier 2010/11 an das polnische EVU Lotos Kolej, dort bezeichnet als 3 650 016–025 (bzw. als 285 121–130). Die erste, in kräftigem Blau lackierte Maschine zeigte Bombardier auf der Innotrans 2010. Einsatzschwerpunkt ist die Region um Czerwiensk, zuweilen kommen die F140 DE von Lotos Kolej aber auch bis nach Deutschland.

Im Gegensatz zu den TRAXX-Elektroloks blieb es bei den dieselelektrischen Maschinen bei überschaubaren Stückzahlen. Dies liegt sicherlich an der nicht einfachen Situation infolge mehrfacher, immer wieder gestoppter DB-Ausschreibungen, aber auch an der Konkurrenz durch etablierte oder neue Lokomotivhersteller. Zudem reduzierte sich auch in Deutschland die Zahl lokbespannter Züge durch zunehmenden Triebwageneinsatz. Die Entwicklung ging jedoch weiter und auf der Suche nach innovativen Ideen entstand das neue Konzept der Multi-Engine-Lok TRAXX DE ME (siehe nächstes Kapitel).

Jürgen Hörstel

Fototermin im Bw Frankfurt 1 für 245 016 bis 020 von DB Regio am 13. Dezember 2014.
Foto: A. Hitfield

DIE DRITTE

Last Mile und Multi Engine sind die Stichworte für die beiden jüngsten TRAXX-Typen: eine Elektrolok mit einem Zusatzdiesel für die letzte Meile und eine viermotorige Diesellok, deren Motoren bedarfsgerecht ein- und wieder ausgeschaltet werden.

Erstmals auf der Transport-Logistic-Messe 2011 in München war der Prototyp einer Zweisystem-Elektrolok mit integriertem Dieselmotor zu sehen. Die 187 001 vom Typ TRAXX AC3 wich auch optisch von ihren Vorgängerinnen ab, denn der schon zuvor crashoptimierten Front war ein neues, abgerundetes und sehr gefälliges Design spendiert worden. Die Seitenwände erhielten Rahmen für einen schnellen Austausch von Werbeflächen (Flex Panel) nach dem Vorbild von Lkw-Planen. Der Last-Mile-Prototyp ging auf Anregungen von Kunden zurück, die nach einer preisgünstigen Lösung für die Beförderung der Güterwagen nach dem Lang-

GENERATION

streckentransport mit einer Elektrolok für die so genannte letzte Meile, den nicht elektrifizierten Anschluss- oder Industriegleisen, Häfen oder Container-Terminals, suchten. Statt eine zusätzliche Rangierdiesellok vorzuhalten, verfügt die TRAXX AC3 LM (LM steht für Last Mile) über einen Tank und einen Großserien-Dieselmotor, der über einen Generator Strom für die Elektromotoren erzeugt, so dass auch nicht elektrifizierte Gleisanschlüsse befahren werden können. Eine Hochleistungsbatterie dient als Puffer und zusätzliche Leistungsreserve. Ziel war es, in der Ebene mindestens 1600 t schwere Züge zu bewegen, wobei der Tankinhalt für etwa acht bis zehn Stunden Rangierfahrt reichen sollte.

Nach ersten Tests in Hennigsdorf wurden die 187 001 und 003 im Frühjahr 2013 zum tschechischen Versuchsring Velim überführt, wo 160 km/h erreicht wurden. Mit der 187 002 begannen gleichzeitig Fahrten in der Schweiz. Außerdem prüfte man den Übergang von elektrischer Traktion auf die Last-Mile-Dieseltraktion, der „dynamisch" erfolgen kann, d.h. ohne Anhaltevorgang. Das Anfahren eines schweren Zuges im Last-Mile-Betrieb wurde anlässlich eines Bombardier-Kundentags am 16. Mai 2013 demonstriert: Die 187 003 beschleunigte auf ebener Strecke aus dem Stand einen rund 2000 t schweren Kohlenzug nur mit dem Last-Mile-Dieselmotor und der Batterie bis auf rund 20 km/h. Anschließend erfolgte während der Fahrt die Umstellung auf elektrischen Betrieb. Das Publikum konnte sich überzeugen, dass die Lok in der Lage ist, schwere Züge im Rangierbetrieb auch auf Gleisen ohne Fahrleitung zu bewegen. Zuvor führte Bombardier Versuche mit einem Zuggewicht von 2240 t erfolgreich durch. Je nach Anhängelast und Streckenverhältnissen kann im Last-Mile-Betrieb bis zu 40 km/h schnell gefahren werden. Mit dem Großserien-Dieselmotor Deutz

Oben: In leuchtendem Gelb präsentiert sich die 487 001 der SRT (Mai 2015). *Foto: J. Hörstel*

Mitte: 187 005 in Oslo-Alnabru auf einem Gleis ohne Fahrdraht (2015). *Foto: M. Rasmussen/Bombardier*

Die 187 002 der BLS Cargo brachte am 5.3.2014 einen neuen MGB-Triebzug nach Visp. *Foto: M. Seeger*

TCD2013 4V werden 230 kW Leistung erreicht, mit Batterieunterstützung 290 kW. Die Anfahrzugkraft beträgt 260 kN, mit Batterieunterstützung 300 kN (dieser Wert gilt auch für den Betrieb mit Strom aus der Oberleitung). Die Last-Mile-Ausrüstung (Dieselmotor, Generator, Kühler und Steuerung) ist in einem austauschbaren Gerüst im Maschinenraum angeordnet. Durch Umgruppierungen im Maschinenraum und dank des nun kompakteren Druckluftgerüsts konnte der erforderliche Platz gewonnen werden.

Die erste Bestellung umfasste zwölf Maschinen mit Zulassungen für Deutschland, Österreich und die Schweiz: Railpool orderte acht Stück mit einer Höchstgeschwindigkeit von 160 km/h (187 001 – 008) und Akiem vier für 140 km/h (187 011 – 014), die durch Captrain eingesetzt werden sollen. Railpool vermietete drei Loks an BLS Cargo, die seit September 2014 u.a. auf der Gotthardstrecke zum Einsatz kommen. Innerhalb des Rahmenvertrags mit der DB AG von 2013, der 450 Lokomotiven umfasst, wurden zur Lieferung 2016/17 drei unterschiedliche Varianten bestellt – und zwar alle ohne Last-Mile-Modul: 110 Exemplare des Typs TRAXX F140 AC3 für DB Schenker in Deutschland (187 101 – 210), 20 Exemplare TRAXX P160 AC3 für DB Regio (147 001 – 020) und 17 ebenfalls 160 km/h schnelle Loks der Baureihe 147 für DB Fernverkehr mit Zulassung DE/CH. Die Fernverkehrs-147 sind mit Doppelstockwagen für den IC-Verkehr Stuttgart – Zürich ab Dezember 2017 und für die IC-Linie Karlsruhe – Stuttgart – Nürnberg vorgesehen.

Vorab wird DB Schenker Rail die beiden Demonstrator-Loks 187 009 und 010 (TRAXX F160 AC3) mit Last-Mile-Modul erhalten, betrieblich testen und zur Lokführer-Ausbildung nutzen. Die Zulassung dieses Loktyps für die Schweiz erfolgte im Februar 2015, für Deutschland und Österreich wird sie noch für 2015 erwartet. Anschließend werden Zulassungen in Ungarn und Rumänien angestrebt.

ATP1 ATP Cubicle 1 (ETCS, PZB, LZB)
ATP2 ATP Cubicle 2 (ZUB, Integra)
AUX Auxiliary Distribution
AUXT Auxiliary transformer
CF Free space for Add. features
CLT Cooling Tower
CMP Compressed Air Cubicle
COM Electronic Cubicle
CON Converter
DD Drivers Desk
FES Fire extinguishing system
FT Fuel Tank
HVE High Voltage Equipment
LMB Last Mile Battery
LMD Last Mile Diesel
LVC Low Voltage Cubicle
RRC4S Radio Remote Control for Shunting
TMB Traction Motor Blower

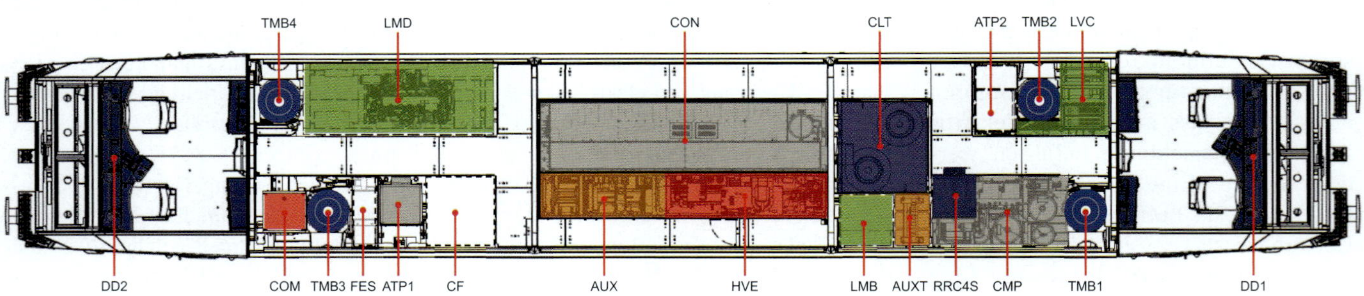

Die gelb-weiß lackierte Re 487 001 des Schweizer EVU Swiss Rail Traffic (SRT), eine Last-Mile-TRAXX mit dem Länderpaket DE/AT/CH, Funkfernsteuerung und ETCS, ist seit Februar 2015 in der Schweiz für Spezialtransporte, Überführungsfahrten und in der Baulogistik unterwegs. Die zweite AC3-Bestellung von Railpool umfasst 17 Maschinen (187 300– 316), etwa die Hälfte davon werden mit Last-Mile-Modul geliefert.

Vor dem Hintergrund zunehmender Verkehrsströme in Richtung Südosteuropa unternahm die 187 009 im November 2014 in Zusammenarbeit mit der Rail Cargo Group eine Demonstrations-Fahrt von Sopron an der österreichisch-ungarischen Grenze bis nach Tekirdag (in der Nähe von Istanbul). Bei einem zufälligen Stromausfall in Rumänien konnte der 1200 t schwere Zug mit Hilfe des Last-Mile-Dieselmotors ohne längere Wartezeit rund 20 km lang weiterfahren. Anschließend wurden in der Klimakammer in Wien Tests im Temperaturbereich von -35 °C bis +45 °C absolviert; auch die Klimaanlage und das Flex-Panel hielten den Belastungen stand. Ab März 2015 schlossen sich mehrwöchige Probefahrten mit der 187 005 im winterlichen Norwegen an.

DB Schenker bestellte 110 Exemplare des Typs TRAXX F140 AC3: 187 102 bei der Inbetriebsetzung in Kassel im Dezember 2014. *Fotos: J. Hörstel (2)*

TECHNISCHE DATEN DER BAUREIHE 187

TRAXX-Typ	F140 AC3 LM und F160 AC3 LM
Netzspannungen	AC 15 kV/16,7 Hz und AC 25 kV/50 Hz
Leistung maximal	5,6 MW
Höchstgeschwindigkeit	140 km/h bzw. 160 km/h
Antriebsart	Tatzlagerantrieb
Anfahrzugkraft	300 kN
Dienstmasse	ca. 87 t
Radsatzfolge	Bo'Bo'
Länge über Puffer	18 900 mm
Volumen des Kraftstofftanks (Last Mile)	400 l

MULTI-ENGINE-KONZEPT

Ein Jahr nach dem Last-Mile-Konzept wurde auf der Innotrans 2012 die nächste Neuerung in Form der 245 003 präsentiert: die Weiterentwicklung der TRAXX DE zum neuen Diesellok-Konzept „Multi Engine" (ME). Anstelle eines Großdieselmotors erzeugen vier kleinere Diesel-Generator-Einheiten den Strom für den Antrieb. Die Motoren können mit der neu entwickelten Steuerungstechnik beliebig einzeln an- oder abgeschaltet werden. Bei konstanter Fahrgeschwindigkeit wird die Leistung eines einzelnen großen Dieselmotors je nach Neigung der Strecke nur zu einem Teil benötigt. Zur Reduzierung des Kraftstoffverbrauchs und der Abgase entscheidet bei den ME-Maschinen die Loksteuerung über die erforderliche Motorenzahl und damit über die Motorleistung in Abhängigkeit der jeweils aktuellen Anforderungen.

2011 hatte die DB AG mit Bombardier eine Rahmenvereinbarung über 200 dieselelektrische Lokomotiven abgeschlossen und 20 Exemplare als DB-Baureihe 245 (TRAXX P160 DE ME) fest bestellt. Der Lokkasten wurde nochmals modifiziert, um die notwendigen Zugangs- und Lüftungsöffnungen an den Seitenwänden zu ermöglichen. Das Dach besteht aus drei abnehmbaren Hauben, die den Maschinen-

Das kompakte Last-Mile-Modul mit Motor-Generator-Einheit ist im Maschinenraum untergebracht.

TRAXX AC3 LM: Maschinenraumlayout und Ansichten. *Zeichnungen: Bombardier*

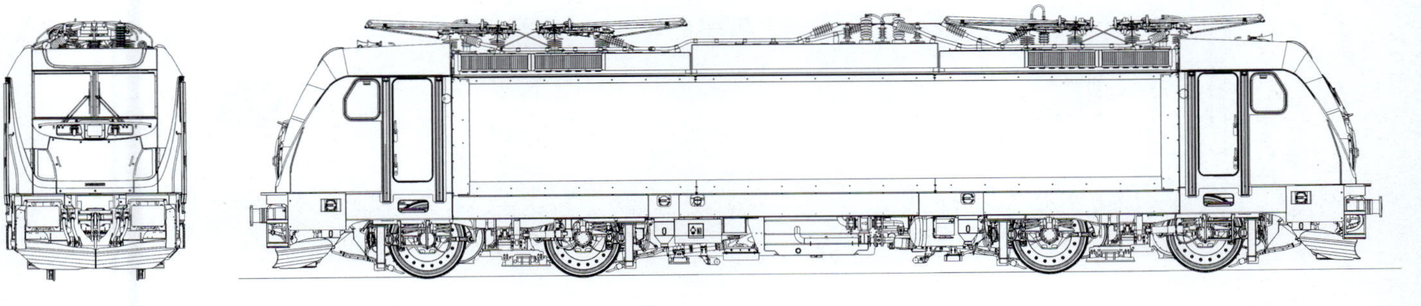

raum für Wartungsarbeiten auch von oben zugänglich machen. Das mittlere Segment trägt den Bremswiderstand, der eine Leistung von bis zu 1,6 MW abführen kann.

Beidseits des Maschinenraum-Mittelgangs sind insgesamt vier kleinere Caterpillar-Motoren mit jeweils 563 kW aus Motorprogrammen angeordnet, die in hoher Stückzahl in der Industrie verwendet werden. Durch die vierfache Redundanz steigt die Verfügbarkeit der Lok und ein späterer Motortausch ist leichter, z.B. bei verschärften Abgasvorschriften. Wesentlicher Vorteil aber ist, dass über die Steuerung, an deren Entwicklung auch die Technische Universität Dresden beteiligt war, nur die wirklich benötigte Leistung abgerufen wird. Der Lokführer stellt wie gewohnt die von ihm gewählte Zugkraft ein, woraufhin die Loksteuerung die notwendige Anzahl von Motoren startet, und zwar zuerst immer die mit der geringsten Betriebsstundenzahl. Bei Nichtgebrauch werden die Motoren vollständig abgeschaltet, bei niedrigen Temperaturen schützt die Warmhalte-Anlage vor schädlichen „Kaltstarts“. Die insgesamt geringeren Betriebsstundenzahlen werden sich auch auf die Wartungskosten auswirken. Durch die deutlich größeren Stückzahlen dieser Industriemotoren sind zudem die Ersatzteile preisgünstiger. Die Werte der seit 2012 gültigen EU-Abgasnorm Stage IIIB werden teilweise deutlich unterschritten. Partikelfilter halten bis zu 97 % des Feinstaubs zurück.

Nach ersten eigenen „Gehversuchen“ in Kassel im Februar 2013 erfolgten Bremstests in Velim, daneben weitere Tests zur Kraftschlussregelung, zum Schleuder- und Gleitschutz, wobei bei der Überprüfung der Motorleistungsregelung auch das Zusammenspiel der vier Dieselmotoren noch weiter optimiert wurde. Mitte 2013 begann nach den ersten drei Maschinen die Fertigung der weiteren Serie. Kurz vor Weihnachten 2013 erteilte das Eisenbahn-Bundesamt (EBA) die Zulassung – nach nur rund elf Wochen. Als erstes Neubaufahrzeug hatte die 245 den Zulassungsprozess gemäß dem neuen Verfahren durchlaufen, das Mitte 2013 zwischen Bundesverkehrsministerium, dem EBA, der DB AG, dem Verband der Bahnindustrie (VDB) sowie dem Verband der Verkehrsunternehmen (VDV) vereinbart worden war.

Anfang 2014 wurden die 245 002 und 006 für Probefahrten mit Doppelstockwagen nach Kempten (Allgäu) überführt. Mitte Februar waren die 245 006 und 007 drei Tage zu Gast auf Sylt, wo im Einsatz mit den Autozügen des „Sylt-Shuttle“ zwischen Niebüll und Westerland gegenüber der Doppeltraktion mit der Baureihe 218 eine Kraftstoffeinsparung von rund einem Drittel erreicht wurde. Die 20 Maschinen von DB-Regio sind in Kempten (245 001–007), Mühldorf (245 008–015) und Frankfurt-Griesheim (245 016–020) stationiert. Das erste Exemplar wurde im Mai 2014 an die Südostbayernbahn übergeben, anschließend begann der planmäßige Betrieb auf der Strecke München–Mühldorf–Simbach. Wenige Wochen später starteten die Einsätze zwischen München, Augsburg, Marktoberdorf und Kempten, Ende 2014 auch im Raum Frankfurt.

Der erste Auftrag eines Multi-Engine-Privatkunden umfasst 15 Loks (245 201–215) mit einer Option für fünf weitere, Mit-

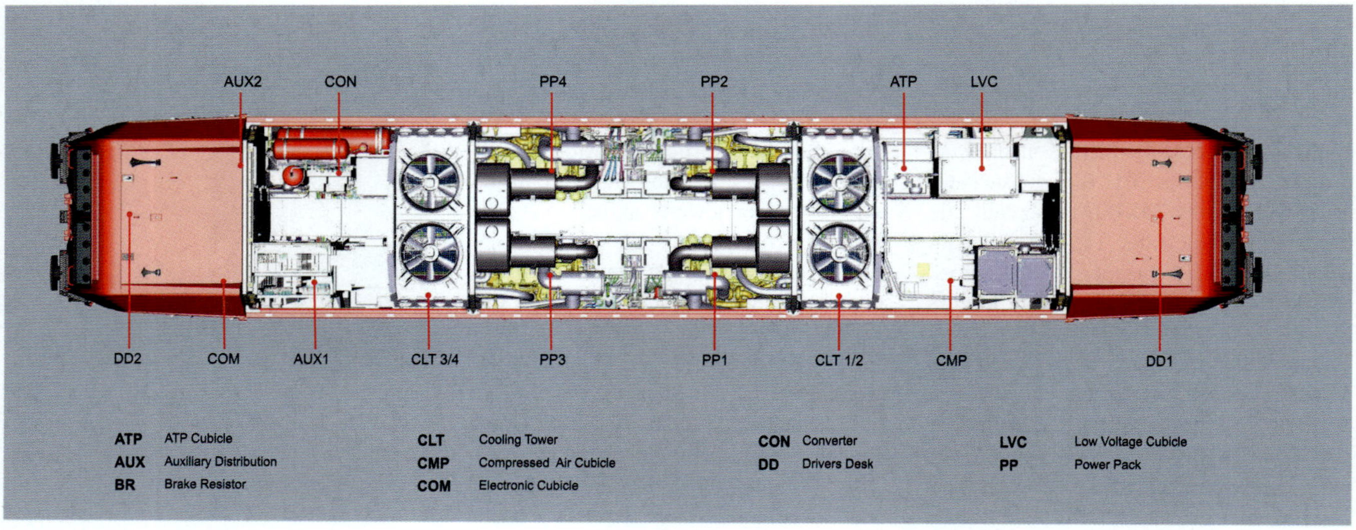

Der Maschinenraum der Baureihe 245 mit vier Diesel-Generator-Einheiten.
Grafik: Bombardier

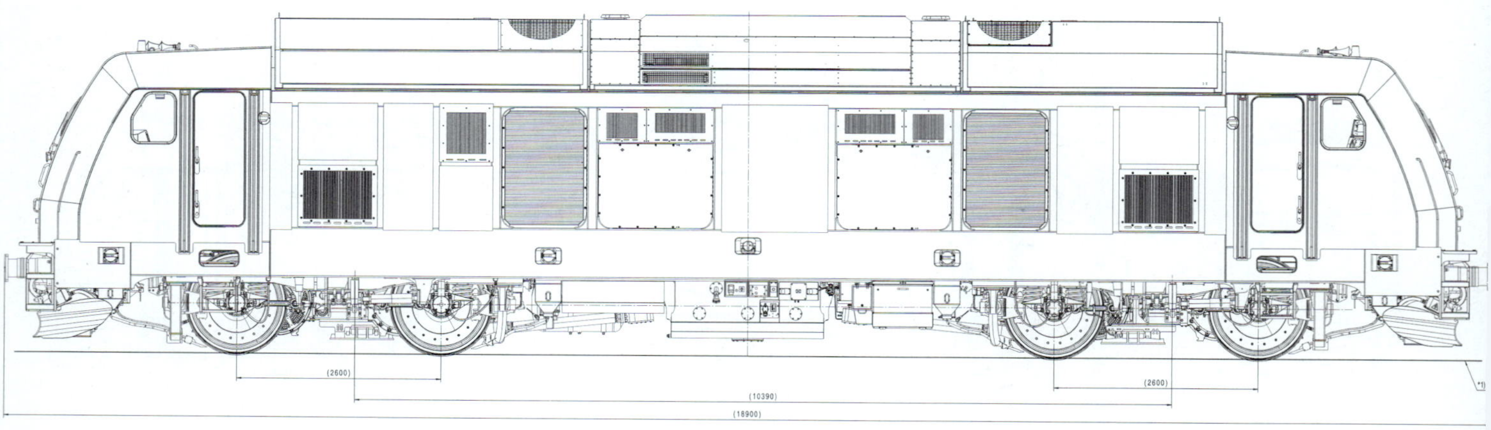

te Februar 2015 begann die Auslieferung an die Objektgesellschaft Paribus-DIF. Paribus wurde von der „LVS Schleswig-Holstein Landesweite Verkehrsservicegesellschaft“ beauftragt, Lokomotiven zu beschaffen und diese an den künftigen Betreiber der Reisezüge auf der Marschbahn nach Westerland zu vermieten.

Die Bestellung von sieben Multi-Engine-Maschinen auf Basis des Rahmenvertrags über 200 Loks mit auf 2400 kW gesteigerter Motorleistung und zusätzlicher Energieversorgung (220 V für den Motorradwagen) für den „Sylt-Shuttle“ Niebüll – Westerland meldete die DB AG im Juni 2014. Zwischen Ende 2015 und Mitte 2016 sollen die bisherigen 218-Doppeltraktionen vor den Autozügen nach Sylt abgelöst werden. Insofern war der Besuch der TRAXX ME auf Sylt schon einmal ein erstes „Schnuppern“ in ihrem künftigen Einsatzgebiet. xx

Jürgen Hörstel

Ganz oben: Zwischen Nidda bzw. Glauburg-Stockheim und Frankfurt (Main) werden im Berufsverkehr Dosto-Züge mit Baureihe 245 eingesetzt (April 2015). *Foto: A. Hitfield*

Maschinenraum der Baureihe 245 mit den links und rechts des Mittelgangs angeordneten Dieselmotoren.

Die 245 201 wird zukünftig Regionalzüge Hamburg – Westerland (Sylt) fahren. *Fotos: J. Hörstel (2)*

Seiten- und Frontansicht der Multi-Engine-Diesellokomotive Baureihe 245. Im Jahr 2012 bestellte die DB 20 Exemplare des Typs P160 DE ME.
Zeichnungen: Bombardier

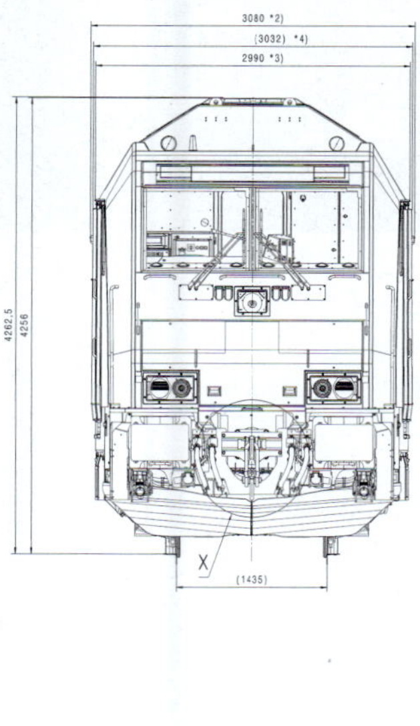

TECHNISCHE DATEN DER BAUREIHE 245

TRAXX-Typ	P160 DE ME
Dieselmotoren (4 Stück)	Caterpillar CAT C18 (6 Zylinder)
Leistung maximal	2252 kW*)
Höchstgeschwindigkeit	160 km/h
Antriebsart	Tatzlagerantrieb
Anfahrzugkraft	300 kN
Dienstmasse	ca. 83 t
Radsatzfolge	Bo'Bo'
Länge über Puffer	18 900 mm
Volumen des Kraftstofftanks	2780 – 4000 l

*) Loks für den „Sylt-Shuttle“: 2400 kW

In vielen weiteren Lokkonstruktionen steckt TRAXX-Technik drin, ohne dass man dies vermuten würde. Dazu zählen die in Nordschweden eingesetzten IORE-Doppellokomotiven, aber auch die in großer Zahl für den Regionalverkehr beschafften E 464 von Trenitalia.

Bombardier baut nicht nur TRAXX-Lokomotiven. Verschiedene andere Loktypen zählen zur TRAXX-Verwandtschaft: Die Hybridlok ALP45 DP (DP = Dual Power) für den nordamerikanischen Markt darf man dazuzählen, auch wenn sie technisch und optisch von der TRAXX-Familie erheblich abweicht. Allerdings waren die Erfahrungen mit dieser Zweikraft-Lokomotive auch bei der Entwicklung der Last-Mile-187 hilfreich. Bereits 2002/03 hatte Bombardier 29 Exemplare des Typs ALP46 an die New Jersey Transit (NJT) in die USA geliefert, die weitgehend auf Basis von Komponenten der DB-Baureihe 101 entwickelt wurde. 2009/10 folgten weitere 36 Maschinen als ALP46A. Um durchgehende Verkehre auf nicht elektrifizierten und elektrifizierten Strecken bis in die Tunnelstationen New Yorks realisieren zu können, bestellten die NJT 2008 und 2010 insgesamt 36 Zweikraft-Lokomotiven der Reihe ALP45 DP. Nahezu zeitgleich orderte auch die Agence Métropolitaine de Transport (AMT) im kanadischen Montreal aufgrund ähnlicher Verhältnisse 20 Dual-Lokomotiven. Mit dem 4 MW starken elektrischen Antrieb kann unter 25 kV/60 Hz oder 12 kV/25 Hz bzw. 60 Hz bis zu 200 km/h schnell gefahren werden. Mit den beiden Caterpillar-Dieselmotoren (2 x 1567 kW) werden auf nicht elektrifizierten Strecken bis zu 160 km/h erreicht. Die Radsatzlast beträgt allerdings 32 t. Von 2010 bis 2013 wurden die Loks 4500–4535 an die NJT ausgeliefert, von 2010 bis 2012 die 1350–1369 an die AMT. Zwischen beiden Versionen gibt es nur geringe technische Unterschiede (u.a. Zugsicherung und Schneepflug).

Seit 1999 (zunächst noch unter der Ägide von Adtranz) wurden in Vado Ligure Gleichstrom-Lokomotiven der Reihe E 464 gebaut, die wegen des Wendezugeinsatzes mit nur einem Führerraum eher als Triebkopf zu bezeichnen sind. Mit abweichendem Aussehen lässt sie sich als TRAXX P160 DCP der Verwandtschaft zuordnen, wird von Bombardier bei der Gesamtzahl der TRAXX-Loks aber nicht berücksichtigt. Zwischen 1999 und 2015 wurden die E 464.001–717 für die Staatsbahn Trenitalia gebaut, die E 464.890–893 sowie 901–906 für die Ferrovie Emilia Romagna (FER) und die E 464.880 für die Trasporto Ferroviario Toscano (TFT). Kurz vor Weihnachten 2014 wurde das 700. Exemplar feierlich übergeben, insgesamt waren es 728 Maschinen.

Zur Verwandtschaft zählt auch die Doppellok „IORE“ für die schwedische Erzbergbaugesellschaft LKAB, die 1998 bei Adtranz neun Doppelloks im Rahmen ihres Modernisierungsprogramms bestellte. Vorübergehend als TRAXX H80AC bezeichnet, weist sie viele an die klimatischen Anforderungen in Nordeuropa mit bis zu -40 °C angepasste Elemente auf. Mit einer Anfahrzugkraft von 1200 kN, einer Dauerleistung von 10,8 MW, knapp 46 m Länge und einer Radsatzlast von 30 t galt sie seinerzeit als stärkste Elektrolok der Welt. Der Einsatz erfolgt vor Erzzügen mit über 8100 t Gesamtgewicht auf der schwedisch-norwegischen Erzbahn Luleå–Kiruna–Narvik. Nach der ersten Doppellok IORE 101/102 im Jahre 2000 folgten von 2002 bis Anfang 2004 die IORE 103–118 und 2009/10 nochmals vier Doppelloks (IORE 119–126). Die dreiteiligen Stangenloks Dm/Dm3/Dm aus den 1960er Jahren wurden so weitgehend abgelöst. Nach der Finanz- und Wirtschaftskrise wird seit

IORE-DOPPELLOKS MIT 10,8 MW

IORE 103/108 mit Leerzug vom Hafen Narvik nach Kiruna (bei Abisko, 2011). *Foto: J. Hörstel*

SPEZIALISTEN

2010 von der LKAB eine Ausweitung der Erzproduktion auf 35 bis 40 Mio. t pro Jahr angestrebt. 2013/14 wurde deshalb eine dritte Teilserie von acht Sektionen (IORE 127–134) geliefert. Inzwischen denkt LKAB über die nächste Lok-Generation für noch schwerere Züge nach.

METER- UND KAPSPUR

Technisch mit der TRAXX verwandt sind die Triebköpfe der Reihen AVE S-102 und AVE S-130 für die gemeinsam mit Talgo gebauten spanischen Hochgeschwindigkeitszüge. Das im November 2013 präsentierte Projekt TRAXX F80 DE ME für Brasilien hat noch den Status eines Vorschlags für den südamerikanischen Markt. Mit 1000 mm Spurweite, 23,62 m Länge, 80 km/h Höchstgeschwindigkeit und der Radsatzanordnung C'C' hat sie keine äußere Ähnlichkeit mit europäischen TRAXX-Ausführungen, folgt aber dem Multi-Engine-Konzept mit vier Motoren und einer Leistung von 2,8 MW.

Bei der Bestellung von über 1000 Lokomotiven bei mehreren Herstellern durch die südafrikanische Transnet Freight Rail (TFR) konnte sich Bombardier ein Los von 240 Zwei-System-Loks (AC 25 kV/50 Hz und DC 3kV) der Reihe 23E für den Güterverkehr sichern, die vor Ort montiert werden. Die 100 km/h schnellen, sechsachsigen Maschinen sind optisch eher bei der brasilianischen TRAXX als bei der europäischen Ausführung anzusiedeln. 1065 mm Spurweite, 129 t Masse, 3,8 MW Leistung und 480 kN Anfahrzugkraft sind die technischen Eckwerte der TRAXX Africa, die auf Temperaturen von bis zu +50 °C ausgelegt wurde. Die erste 23E soll Ende 2015 fertig sein, ab Frühjahr 2016 ist eine monatliche Produktion von zwölf Loks geplant.

Auch in Richtung Osten expandiert Bombardier, und zwar im Rahmen eines Joint Venture mit Zavod Metallokonstrukcii (ZMK): Im Juni 2013 wurde im russischen Engels/Saratov der Grundstein für ein neues Werk unter dem Namen Engelsskiy Lokomotivniy Zavod (ELZ) gelegt. Geplant ist die gemeinsame Produktion von Elektroloks für Russland und andere GUS-Staaten unter dem Namen TRAXX RU.

Jürgen Hörstel

Ganz oben: Auch die kanadische AMT bestellte Zweikraftloks des Typs ALP45 DP (Juni 2011). *Foto: J. Hörstel*

Darunter: Unter dem Namen TRAXX RU sind Elektroloks für Russland geplant. *Foto: Bombardier*

E 464.338 der FS (Brenner, 2013). *Foto: Th. Wohlfarth*

Unten: TRAXX Africa: 1065 mm Spurweite, 129 t Masse und 3,8 MW Leistung. *Grafik: Bombardier*

Fahrzeugstatistik TRAXX-Familie

zusammengestellt von Thomas Wohlfarth auf Basis der Daten von www.lok-datenbank.de und www.railcolor.net (Stand: 1. Juni 2015).

15 Lokomotiven sind nach Umzeichnungen doppelt aufgeführt (s. Seite 85 unten). Die Wiederholung ist *kursiv* gesetzt und farblich hervorgehoben.

TRAXX F140 AC

Hersteller: Ad Hennigsdorf (145 001 bis 010) und Ad Kassel

erste Nummer	UIC-Nr.	Baujahr	Fabrik-Nr.	Eigentümer	Nutzer	
145 001-010		1997	22295-22304	DB	DB	
145 011-013		1998	33328-33330	DB	DB	
145 013 II. Besetzung		1999	33374	DB	DB	
145 014-015		1999	33331-33332	DB	DB	
145 016		1999	33255	DB	DB	
145 017-038		1999	33333-33355	DB	DB	
145 039-047		1999	33357-33365	DB	DB	
145 048-050		1999	33367-33369	DB	DB	
145 051-053		2000	33371-33373	DB	DB	
145 054		2000	33376	DB	DB	
145 055		2000	33378	DB	DB	
145 056		2000	33377	DB	DB	
145 057		2000	33379	DB	DB	
145 058		2000	33381	DB	DB	
145 059-061		2000	33383-33385	DB	DB	
145 062-066		2000	33387-33391	DB	DB	
145 067-070		2000	33394-33397	DB	DB	
145 071		2000	33816	DB	DB	
145 072		2000	33818	DB	DB	
145 073		2000	33817	DB	DB	
145 074-075		2000	33819-33820	DB	DB	
145 076-079		2000	33822-33825	DB	DB	
145 080		2000	33827	DB	DB	
145-CL 001	145 081	1999	33356	HML	rail4chem	
145-CL 002	145 082	1999	33366	HML	rail4chem	
145-CL 003	145 094	2000	33815	DL	rail4chem	
145-CL 004	145 095	2000	33841	DL	rail4chem	
145-CL 005	145 096	2001	33843	LC	rail4chem	a)
145-CL 011	145 089	2000	33382	PB	HGK	b)
145-CL 012	145 090	2000	33821	PB	HGK	b)
145-CL 013	145 091	2000	33826	PB	HGK	b)
145-CL 014	145 092	2001	33828	PB	HGK	b)
145-CL 015	145 093	2001	33842	PB	HGK	b)
145-CL 031	145 103	2001	33848	LC	TXL	a)
145-CL 201-204	145 097-100	2001	33844-33847	LC	RAG	a)
145-CL 205-206	145 101-102	2001	33849-33850	RAG	RAG	
486 651	145 083	2000	33370	MThB	MThB	
486 652	145 084	2000	33375	MThB	MThB	
486 653	145 085	2000	33380	MThB	MThB	
486 654	145 086	2000	33386	MThB	MThB	
486 655-656	145 087-088	2000	33392-33393	MThB	MThB	

Baujahre 1997-2001

	DB	Leasing	MThB	sonstige	gesamt
Stückzahl	80	15	6	2	103

TRAXX P160 AC3

Hersteller: BT Kassel

erste Nummer	Baujahr	Fabrik-Nr.	Eigentümer	Nutzer
147 001	2014	35094	DB	DB Regio
147 002	2015	35134	DB	DB Regio
147 003-020	201x	?	DB	DB Regio
147 501-517	201x	?	DB	DB Fernverkehr

Baujahre 2014 ff.

	DB	gesamt
Stückzahl	37	37

TRAXX P160 DC

Hersteller: BT Vado Ligure

erste Nummer	UIC-Nr.	Baujahr	Fabrik-Nr.	Eigentümer	Nutzer
583 001-002	5170 001-002	2010	8367-8368	KM	KM
583 003-011	5170 003-011	2011	8369-8377	KM	KM

Baujahre 2010 ff.

	KM	gesamt
Stückzahl	11	11

TRAXX P140 AC1

Hersteller: BT Kassel

erste Nummer	Baujahr	Fabrik-Nr.	Eigentümer	Nutzer
4001	2004	33678	CFL	CFL
4002	2004	33684	CFL	CFL
4003	2004	33689	CFL	CFL
4004-4005	2004	33693-33694	CFL	CFL
4006	2004	33697	CFL	CFL
4007-4013	2004	33704-33710	CFL	CFL
4014-4015	2004	33712-33713	CFL	CFL
4016-4017	2005	33715-33716	CFL	CFL
4018	2005	33718	CFL	CFL
4019	2005	33722	CFL	CFL
4020	2005	33725	CFL	CFL

Baujahre 2004 und 2005

	CFL	gesamt
Stückzahl	20	20

TRAXX P160 AC1

Hersteller: Ad Kassel, ab 2002 BT Kassel

erste Nummer	UIC-Nr.	Baujahr	Fabrik-Nr.	Eigentümer	Nutzer
146 001-007		2001	33808-33814	DB	DB
146 008-021		2001	33875-33888	DB	DB
146 022-031		2002	33889-33898	DB	DB
146 101-102		2003	33944-33945	DB	DB
146 103-108		2003	33947-33952	DB	DB
146 109-116		2004	33990-33997	DB	DB
146 117-122		2004	34016-34021	DB	DB
146 123-132		2005	34056-33065	DB	DB
ME 146-01	146 501	2003	33946	LNVG	ME
ME 146-02-10	146 502-510	2003	33953-33961	LNVG	ME

Baujahre 2001-2003

	DB	LNVG	gesamt
Stückzahl	63	10	73

TRAXX P160 AC2

Hersteller: BT Kassel

erste Nummer	UIC-Nr.	Baujahr	Fabrik-Nr.	Eigentümer	Nutzer
146 201		2005	34024	DB	DB
146 202-206		2005	34027-34031	DB	DB
146 207		2005	34033	DB	DB
146 208-209		2005	34035-34036	DB	DB
146 210		2005	34038	DB	DB
146 211		2005	34040	DB	DB
146 212-213		2005	34043-34044	DB	DB
146 214-215		2005	34046-34047	DB	DB
146 216		2005	34041	DB	DB
146 217		2005	34049	DB	DB
146 218		2005	34052	DB	DB
146 219-220		2005	34054-34055	DB	DB
146 221		2005	34050	DB	DB
146 222		2005	34053	DB	DB
146 223-227		2006	34074-34078	DB	DB
146 228		2006	34090	DB	DB
146 229-239		2006	34079-34089	DB	DB
146 240-247		2006	34066-34073	DB	DB
146 251		2013	35061	DB	DB
146 252		2014	35062	DB	DB
146 253		2015	35049	DB	DB
146 254		2015	35048	DB	DB
146 255-257		2015	35051-35053	DB	DB
146 258		2015	35050	DB	DB
146 259		2015	35054	DB	DB
146 260-268		2015	35070-35078	DB	DB
146 269-282		201x	?	DB	DB
ME 146-11	146 511	2005	34022	LNVG	ME
ME 146-12	146 512	2005	34026	LNVG	ME
ME 146-13	146 513	2005	34032	LNVG	ME
ME 146-14	146 514	2005	34034	LNVG	ME
ME 146-15	146 515	2005	34037	LNVG	ME
ME 146-16	146 516	2005	34039	LNVG	ME
ME 146-17	146 517	2005	34042	LNVG	ME
ME 146-18	146 518	2005	34045	LNVG	ME
146 519		2005	34023	Connex	Connex
146 520		2005	34025	Connex	Connex
146 521		2005	34048	Connex	Connex
146 522		2005	34051	Connex	Connex
146 531-539		2007	34091-34099	LNVG	ME
146 541		2010	34712	LNVG	ME
146 542		2010	34711	LNVG	ME
146 551-553		2012	35028-35030	DB	DB
146 554-570		201x	35031-35047	DB	DB
146 571-577		201x	?	DB	DB
480 001		2010	34738	MÁV	MÁV
480 002		2010	34741	MÁV	MÁV
480 003		2011	34748	MÁV	MÁV
480 004		2011	34752	MÁV	MÁV
480 005-006		2011	34754-34755	MÁV	MÁV
480 007-009		2011	34938-34940	MÁV	MÁV
480 010		2011	34942	MÁV	MÁV
480 011-012		2011	34944-34945	MÁV	MÁV
480 013-014		2011	34947-34948	MÁV	MÁV
480 015-017		2011	34950-34952	MÁV	MÁV
480 018		2011	34955	MÁV	MÁV
480 019		2011	34959	MÁV	MÁV
480 020		2011	34963	MÁV	MÁV
480 021		2011	34966	MÁV	MÁV
480 022		2011	34968	MÁV	MÁV
480 023		2012	34970	MÁV	MÁV
480 024		2012	34972	MÁV	MÁV
480 025		2012	34975	MÁV	MÁV

Baujahre 2005 ff.

	DB	LNVG	MÁV	sonstige	gesamt
Stückzahl	106	19	25	4	154

ERLÄUTERUNGEN ZU DEN EIGENTÜMERN

a) bis 2002 Locomotion Capital Ltd, London
2002-2003 Locomotion Capital NV/SA, Antwerpen (Umfirmierung)
2003-2010 Angel Trains Cargo NV/SA, Antwerpen (Umfirmierung)
ab 2010 Alpha Trains NV/SA, Antwerpen (Umfirmierung)

b) bis 2004 Porterbrook Leasing Company Ltd., Derby
2004-2010 CBRail Leasing s.à.r.l., Luxemburg
ab 2010 Ascendos Rail Leasing s.à. r. l., Luxemburg

c) bis 2008 Mitsui Rail Capital Europe B. V.
ab 2008 MRCE Dispolok GmbH

d) bis 08/2008 Railion Danmark A/S
08/2008 bis 02/2009 Railion Scandinavia A/S
ab 02/2009 DB Schenker Rail Scandinavia A/S

e) bis 2009 BTMU Rail Capital Corp. (Übernahme der Tätigkeit der HSBC Rail Europe)
2009-2014 Beacon Rail Leasing Ltd.
2014 Verkauf an Pamplona Capital Management

f) bis 2014 Railpool GmbH (Eigentümer zu je 50 %: KfW-IPEX Bank GmbH und HSH Nordbank AG)
09.05.2014 Verkauf von Railpool an die Oaktree Capital Mangement L.P.

g) 2009-2012 VC Holding SAS
ab 2012 AKIEM (ursprüngliche Firmierung: SGVMT)

h) 2004-2013 CBRail Leasing s.à.r.l., Luxemburg
ab 2013 Macquarie European Rail

i) bis 2008 Railion Italia S.r.l.
ab 2009 DB Schenker Rail Italia Services S.r.l.

j) bis 2011 Linea S.p.A
ab 2012 Rail Cargo Italia s.r.l. (ein Tochterunternehmen der ÖBB)

k) bis 12/2009 PKP Przewozy Regionale spolka z o.o. (Polen)
ab 12/2009 Przewozy Regionale spolka z o.o. (Polen)

TRAXX F140 AC1

Hersteller: Ad Kassel, ab 2002 BT Kassel

erste Nummer	UIC-Nr.	Baujahr	Fabrik-Nr.	Eigentümer	Nutzer	
185 001-003		2000	33398-33400	DB AG	DB AG	
185 004-027		2001	33401-33424	DB AG	DB AG	
185 028		2001	33427	DB AG	DB AG	
185 029-030		2001	33425-33426	DB AG	DB AG	
185 031-032		2001	33428-33429	DB AG	DB AG	
185 033-037		2001	33431-33435	DB AG	DB AG	
185 038-039		2001	33437-33438	DB AG	DB AG	
185 040		2001	33436	DB AG	DB AG	
185 041		2001	33430	DB AG	DB AG	
185 042		2001	33439	DB AG	DB AG	
185 043-048		2001	33442-33447	DB AG	DB AG	
185 049		2001	33449	DB AG	DB AG	
185 050		2001	33448	DB AG	DB AG	
185 051		2001	33457	DB AG	DB AG	
185 052		2001	33459	DB AG	DB AG	
185 053		2001	33461	DB AG	DB AG	
185 054		2002	33460	DB AG	DB AG	
185 055		2002	33463	DB AG	DB AG	
185 055 II. Besetzung		2004	33619	DB AG	DB AG	
185 056		2002	33465	DB AG	DB AG	
185 057		2002	33464	DB AG	DB AG	
185 058		2002	33467	DB AG	DB AG	
185 059		2002	33466	DB AG	DB AG	
185 060-061		2002	33469-33470	DB AG	DB AG	
185 062		2002	33476	DB AG	DB AG	
185 063		2002	33480	DB AG	DB AG	
185 064		2002	33479	DB AG	DB AG	
185 065		2002	33468	DB AG	DB AG	
185 066		2002	33472	DB AG	DB AG	
185 067		2002	33475	DB AG	DB AG	
185 068-069		2002	33482-33483	DB AG	DB AG	
185 070-082		2002	33485-33497	DB AG	DB AG	
185 083-090		2002	33499-33506	DB AG	DB AG	
185 091		2002	33508	DB AG	DB AG	
185 092		2002	33507	DB AG	DB AG	
185 093		2002	33509	DB AG	DB AG	
185 094		2002	33511	DB AG	DB AG	
185 095		2002	33513	DB AG	DB AG	
185 096		2002	33515	DB AG	DB AG	
185 097		2002	33518	DB AG	DB AG	
185 098-099		2002	33520-33521	DB AG	DB AG	
185 100		2002	33524	DB AG	DB AG	
185 101		2002	33526	DB AG	DB AG	
185 102		2002	33528	DB AG	DB AG	
185 103		2002	33530	DB AG	DB AG	
185 104		2002	33532	DB AG	DB AG	
185 105		2002	33534	DB AG	DB AG	
185 106		2002	33536	DB AG	DB AG	
185 107		2002	33538	DB AG	DB AG	
185 108		2002	33540	DB AG	DB AG	
185 109		2002	33542	DB AG	DB AG	
185 110		2003	33620	DB AG	DB AG	
185 111-112		2003	33546-33547	DB AG	DB AG	
185 113		2003	33550	DB AG	DB AG	
185 114		2003	33552	DB AG	DB AG	
185 115		2003	33554	DB AG	DB AG	
185 116		2003	33556	DB AG	DB AG	
185 117		2003	33558	DB AG	DB AG	
185 118		2003	33560	DB AG	DB AG	
185 119		2003	33562	DB AG	DB AG	
185 120		2003	33564	DB AG	DB AG	
185 121		2003	33566	DB AG	DB AG	
185 122		2003	33568	DB AG	DB AG	
185 123-124		2003	33570-33571	DB AG	DB AG	
185 125-126		2003	33573-33574	DB AG	DB AG	
185 127-128		2003	33576-33577	DB AG	DB AG	
185 129-130		2003	33579-33580	DB AG	DB AG	
185 131-132		2003	33582-33583	DB AG	DB AG	
185 133-134		2003	33585-33586	DB AG	DB AG	
185 135-136		2003	33588-33589	DB AG	DB AG	
185 137		2003	33591	DB AG	DB AG	
185 138		2003	33594	DB AG	DB AG	
185 139		2003	33597	DB AG	DB AG	
185 140		2003	33599	DB AG	DB AG	
185 141		2003	33602	DB AG	DB AG	
185 142		2003	33604	DB AG	DB AG	
185 143		2003	33606	DB AG	DB AG	
185 144		2003	33609	DB AG	DB AG	
185 145-146		2003	33612-33613	DB AG	DB AG	
185 147-149		2003	33615-33617	DB AG	DB AG	
185 150		2003	33545	DB AG	DB AG	
185 151		2002	33541	DB AG	DB AG	
185 152-153		2003	33622-33623	DB AG	DB AG	
185 154		2003	33625	DB AG	DB AG	
185 155		2003	33627	DB AG	DB AG	
185 156		2003	33626	DB AG	DB AG	
185 157		2003	33629	DB AG	DB AG	
185 158-159		2003	33631-33632	DB AG	DB AG	
185 160-161		2004	33634-33635	DB AG	DB AG	
185 162-163		2004	33637-33638	DB AG	DB AG	
185 164-166		2004	33640-33642	DB AG	DB AG	
185 167-168		2004	33644-33645	DB AG	DB AG	
185 169-170		2004	33647-33648	DB AG	DB AG	
185 171-173		2004	33651-33653	DB AG	DB AG	
185 174-175		2004	33655-33656	DB AG	DB AG	
185 176-177		2004	33658-33659	DB AG	DB AG	
185 178-179		2004	33661-33662	DB AG	DB AG	
185 180-188		2004	33664-33672	DB AG	DB AG	
185 189		2004	33674	DB AG	DB AG	
185 190		2004	33676	DB AG	DB AG	
185 191		2004	33679	DB AG	DB AG	
185 192-193		2004	33682-33683	DB AG	DB AG	
185 194		2004	33687	DB AG	DB AG	
185 195-196		2004	33690-33691	DB AG	DB AG	
185 197		2004	33695	DB AG	DB AG	
185 198-199		2004	33698-33699	DB AG	DB AG	
185 200		2004	33711	DB AG	DB AG	
185-CL 001	185 501	2001	33450	PB	Connex	b)
185-CL 002	185 502	2001	33452	PB	Connex	b)
185-CL 003	185 503	2001	33455	PB	Connex	b)
185-CL 004	185 504	2001	33453	LC	HRS	a)
185-CL 005	185 505	2001	33451	LC	HRS	a)
185-CL 006	185 506	2001	33458	LC	r4c	a)
185-CL 007	185 507	2001	33456	LC	r4c	a)
185-CL 008	185 508	2002	33477	LC	RBH	a)
185-CL 009	185 509	2002	33498	LC	RBH	a)
185 510		2002	33510	LC	TXL	a)
185 511		2002	33512	LC	TXL	a)
185 512		2002	33514	LC	TXL	a)
185 513		2002	33516	LC	TXL	a)
185 514		2002	33522	LC	TXL	a)
185 515		2002	33523	LC	Connex	a)
185 516		2002	33529	LC	OME	a)
185 517		2002	33531	HML	r4c	
185 518		2002	33533	LC	TXL	a)
185 519		2003	33535	LC	CFL	a)
185 520		2003	33544	LC	CFL	a)
185 521		2003	33581	ATC	CFL	a)
185 522		2003	33596	ATC	CFL	a)
185 523		2003	33601	ATC	CFL	a)
185 524		2003	33614	ATC	CFL	a)
185 525		2003	33592	ATC	BLS-C	a)
185 526		2003	33618	ATC	r4c	a)
185 527		2003	33621	ATC	BLS-C	a)
185 528		2003	33624	ATC	LTE	a)
185 529		2003	33628	ATC	ConTrain	a)
185 530		2004	33633	ATC	ConTrain	a)
185 531		2004	33630	ATC	TXL	a)
185 532		2004	33636	HML	r4c	
185 533		2004	33639	DL	r4c	
185 534		2004	33643	ATC	OHE	a)
185 535		2004	33677	ATC	BLS-C	a)
185 536		2004	33680	ATC	BLS-C	a)
185 537		2004	33654	AGV	TXL	
185 538		2004	33657	AGV	TXL	
185 539		2004	33660	AGV	TXL	
185 540		2004	33663	AGV	TXL	
185 541		2005	33720	HML	r4c	
185 542		2005	33723	DL	r4c	
185 543		2005	33727	DL	r4c	
185 544		2005	33729	MRCE	HGK	c)
185 545		2005	33731	MRCE	HGK	c)
185 546		2005	33735	MRCE	ITL	c)
185 547		2005	33733	MRCE	ITL	c)
185 548		2005	33739	ITL	ITL	
185 549		2005	33737	r4c	r4c	
185 550		2005	33741	r4c	r4c	
185 551		2005	33780	MRCE	Connex	c)
185 552-554		2005	33781-33783	MRCE	DB AG, Railion	c)
185 555		2005	33784	MRCE	mgw	c)
185 556-557		2005	33785-33786	MRCE	DB AG, Railion	c)
482 000		2001	33454	SBB-C	SBB-C	
482 001		2001	33462	SBB-C	SBB-C	
482 002		2001	33441	SBB-C	SBB-C	
482 003		2001	33471	SBB-C	SBB-C	
482 004		2002	33473	SBB-C	SBB-C	
482 005		2002	33478	SBB-C	SBB-C	
482 006		2002	33481	SBB-C	SBB-C	
482 007		2002	33474	SBB-C	SBB-C	
482 008		2002	33440	SBB-C	SBB-C	
482 009		2002	33484	SBB-C	SBB-C	
482 010		2002	33519	SBB-C	SBB-C	
482 011		2002	33525	SBB-C	SBB-C	
482 012		2002	33527	SBB-C	SBB-C	
482 013		2002	33537	SBB-C	SBB-C	
482 014		2002	33539	SBB-C	SBB-C	
482 015		2003	33563	SBB-C	SBB-C	
482 016		2003	33565	SBB-C	SBB-C	
482 017		2003	33567	SBB-C	SBB-C	
482 018		2003	33569	SBB-C	SBB-C	
482 019		2003	33572	SBB-C	SBB-C	
482 020		2003	33575	SBB-C	SBB-C	
482 021		2003	33578	SBB-C	SBB-C	
482 022		2003	33584	SBB-C	SBB-C	
482 023		2003	33587	SBB-C	SBB-C	
482 024		2003	33590	SBB-C	SBB-C	
482 025		2003	33593	SBB-C	SBB-C	
482 026		2003	33595	SBB-C	SBB-C	
482 027		2003	33598	SBB-C	SBB-C	
482 028		2003	33600	SBB-C	SBB-C	
482 029		2003	33603	SBB-C	SBB-C	
482 030		2003	33605	SBB-C	SBB-C	
482 031-032		2003	33607-33608	SBB-C	SBB-C	
482 033-034		2003	33610-33611	SBB-C	SBB-C	
485 001		2002	33517	BLS-C	BLS-C	
485 002		2003	33543	BLS-C	BLS-C	
485 003-004		2003	33548-33549	BLS-C	BLS-C	
485 005		2003	33551	BLS-C	BLS-C	
485 006		2003	33553	BLS-C	BLS-C	
485 007		2003	33555	BLS-C	BLS-C	
485 008		2003	33557	BLS-C	BLS-C	
485 009		2003	33559	BLS-C	BLS-C	
485 010		2003	33561	BLS-C	BLS-C	
485 011		2004	33646	BLS-C	BLS-C	
485 012		2004	33649	BLS-C	BLS-C	
485 013		2004	33673	BLS-C	BLS-C	
485 014		2004	33675	BLS-C	BLS-C	
485 015		2004	33681	BLS-C	BLS-C	
485 016-017		2004	33685-33686	BLS-C	BLS-C	
485 018		2004	33688	BLS-C	BLS-C	
485 019		2004	33692	BLS-C	BLS-C	
485 020		2004	33696	BLS-C	BLS-C	

Baujahre 2000-2005

	DB	BLS	Leasing	SBB	sonstige	gesamt
Stückzahl	200	20	54	35	3	312

TRAXX F140 AC2

Hersteller: BT Kassel

erste Nummer	Baujahr	Fabrik-Nr.	Eigentümer	Nutzer		
185 201-202	2004	33700-33701	DB	DB		
185 203	2005	33702	DB	DB		
185 204	2004	33703	DB	DB		
185 205	2005	33714	DB	DB		
185 206	2005	33717	DB	DB		
185 207	2005	33719	DB	DB		
185 208	2005	33721	DB	DB		
185 209	2005	33724	DB	DB		
185 210	2005	33726	DB	DB		
185 211	2005	33728	DB	DB		
185 212	2005	33730	DB	DB		
185 213	2005	33732	DB	DB		
185 214	2005	33734	DB	DB		
185 215	2005	33736	DB	DB		
185 216	2005	33738	DB	DB		
185 217	2005	33740	DB	DB		
185 218-229	2005	33742-33753	DB	DB		
185 230	2005	33757	DB	DB		
185 231-232	2005	33755-33756	DB	DB		
185 233-239	2005	33758-33764	DB	DB		
185 240	2005	33766	DB	DB		
185 241-242	2005	33768-33769	DB	DB		
185 243	2005	33772	DB	DB		
185 244	2005	33774	DB	DB		
185 245	2006	33775	DB	DB		
185 246-247	2006	33777-33778	DB	DB		
185 248-250	2006	33787-33789	DB	DB		
185 251	2006	33791	DB	DB		
185 252	2006	33793	DB	DB		
185 253-254	2006	33795-33796	DB	DB		
185 255-256	2006	34101-34102	DB	DB		
185 257	2006	34104	DB	DB		
185 258-260	2006	34106-34108	DB	DB		
185 261	2006	34110	DB	DB		
185 262	2006	34112	DB	DB		
185 263-264	2006	34114-34115	DB	DB		
185 265	2006	34117	DB	DB		
185 266-270	2006	34120-34124	DB	DB		
185 271	2006	34126	DB	DB		
185 272	2006	34128	DB	DB		
185 273	2006	34130	DB	DB		
185 274	2006	34132	DB	DB		
185 275	2006	34134	DB	DB		
185 276	2006	34138	DB	DB		
185 277-280	2006	34140-34143	DB	DB		
185 281-294	2007	34144-34157	DB	DB		
185 295	2007	34159	DB	DB		
185 296	2007	34161	DB	DB		
185 297-299	2007	34164-34166	DB	DB		
185 300-317	2007	34168-34185	DB	DB		
185 318-319	2008	34191-34192	DB	DB		
185 320	2008	34198	DB	DB		
185 321	2007	34187	RD	RD		d)
185 322	2007	34167	RD	RD		d)
185 323	2008	34195	RD	RD		d)
185 324	2008	34197	RD	RD		d)
185 325-326	2008	34201-34202	RD	RD		d)
185 327-328	2008	34208-34209	RD	RD		d)
185 329	2008	34211	RS	RS		d)
185 330	2008	34213	RS	RS		d)
185 331	2008	34215	RS	RS		d)
185 332	2008	34217	GC	RS		d)
185 333	2008	34219	GC	RS		d)
185 334	2008	34232	GC	RS		d)
185 335-337	2008	34236-34238	RS	RS		d)
185 338	2008	34203	DB	DB		
185 339	2008	34221	DB	DB		
185 340-341	2008	34223-34224	DB	DB		
185 342	2008	34227	DB	DB		
185 343-344	2008	34229-34230	DB	DB		
185 345-346	2008	34240-34241	DB	DB		
185 347	2008	34243	DB	DB		
185 348	2008	34245	DB	DB		
185 349	2008	34247	DB	DB		
185 350	2008	34250	DB	DB		
185 351	2008	34253	DB	DB		
185 352	2008	34256	DB	DB		
185 353	2008	34258	DB	DB		
185 354	2008	34260	DB	DB		
185 355	2008	34262	DB	DB		
185 356	2008	34266	DB	DB		
185 357	2008	34269	DB	DB		
185 358	2008	34273	DB	DB		

erste Nummer	Baujahr	Fabrik-Nr.	Eigentümer	Nutzer		
185 359	2008	34276	DB	DB		
185 360	2008	34278	DB	DB		
185 361	2008	34280	DB	DB		
185 362	2009	34282	DB	DB		
185 363-368	2009	34284-34289	DB	DB		
185 369-370	2009	34646-34647	DB	DB		
185 371	2009	34649	DB	DB		
185 372-373	2009	34651-34652	DB	DB		
185 374	2009	34655	DB	DB		
185 375	2009	34660	DB	DB		
185 376	2009	34659	DB	DB		
185 377	2009	34657	DB	DB		
185 378	2009	34662	DB	DB		
185 379-380	2009	34665-34666	DB	DB		
185 381	2009	34670	DB	DB		
185 382-383	2009	34674-34675	DB	DB		
185 384	2009	34677	DB	DB		
185 385	2009	34681	DB	DB		
185 386	2009	34686	DB	DB		
185 387	2009	34690	DB	DB		
185 388-389	2009	34692-34693	DB	DB		
185 390-397	2010	34730-34737	DB	DB		
185 398-399	2010	34339-34340	DB	DB		
185 401	2009	34648	DB	DB		
185 402-403	2009	34663-34664	DB	DB		
185 404	2009	34673	GC	RSC		d)
185 405	2009	34678	GC	RSC		d)
185 406	2009	34688	GC	RSC		d)
185 407	2011	34961	MRCE	TXL		c)
185 408	2012	34965	MRCE	TXL		c)
185 409	2012	34976	Raildox	Raildox		
185 410	2012	34977	RushRail	RushRail		
185 411-416	2012	34987-34992	RushRail	RushRail		
185 417	2013	34993	TXL	TXL		
185 418	2013	35060	TXL	TXL		
185 419	2014	35130	Raildox	Raildox		
185 561	2004	33650	BT			
185 562	2005	33754	ITL	ITL		
185 563	2005	33765	MRCE	r4c		c)
185 564	2005	33767	MRCE	TXL		c)
185 565-566	2005	33770-33771	MRCE	HGK		c)
185 567	2005	33773	MRCE	CR		c)
185 568	2006	33794	BT			
185 569	2005	34125	MRCE	RTS (CH)		c)
185 570	2006	34127	MRCE	RTS (CH)		c)
185 571	2006	34129	MRCE	r4c		c)
185 572	2006	34131	MRCE	r4c		c)
185 573	2006	34133	MRCE	r4c		c)
185 574	2006	34135	MRCE	r4c		c)
185 575	2006	34136	ATC	HGK	1)	a)
185 576	2006	34137	ATC	BLS-C		a)
185 577	2006	34139	ATC	BLS-C		a)
185 578	2007	34158	CBRail	CR		h)
185 579	2007	34160	CBRail	CR		h)
185 580-581	2007	34162-34163	CBRail	CR		h)
185 582	2008	34194	CBRail	HGK	2)	h)
185 583	2008	34193	HVLE	HVLE		
185 584	2008	34196	CBRail	HGK	2)	h)
185 585-586	2008	34199-34200	CBRail	HGK	2)	h)
185 587	2008	34204	CBRail	HGK	2)	h)
185 588	2008	34207	CBRail	HGK	2)	h)
185 589	2008	34210	CBRail	HGK	2)	h)
185 590	2008	34216	BTMU	CR		e)
185 591	2008	34218	BTMU	CR		e)
185 592	2008	34220	BTMU	CR		e)
185 593	2008	34222	BTMU	CR		e)
185 594	2008	34225	BTMU	CR		e)
185 595	2008	34233	BTMU	CR		e)
185 596	2008	34246	BTMU	CR		e)
185 597	2008	34251	BTMU	CR		e)
185 598	2008	34265	VC	ITL		g)
185 599	2008	34264	BTMU	CR		e)
185 600	2008	34268	BTMU	CR		e)
185 601	2008	34270	BTMU	CR		e)
185 602	2008	34275	BTMU	CR		e)
185 603	2008	34212	ATC	HGK	1)	a)
185 604	2008	34214	ATC	HGK	1)	a)
185 605	2008	34226	ATC	HGK	1)	a)
185 606	2008	34228	ATC	HGK	1)	a)
185 607	2008	34234	ATC/RBS	DB AG	3)	a)
185 608	2008	34239	ATC/RBS	LTE	3)	a)
185 609	2008	34244	ATC/RBS	DB AG	3)	a)
185 610	2008	34249	ATC/Railpool	EVB		a)

erste Nummer	Baujahr	Fabrik-Nr.	Eigentümer	Nutzer		
185 610 II. Besetzung	*2009*	*34653*	*CBRail/ATC/RBS*	*DB AG*	*4)*	*h)/a)*
185 611	2008	34252	ATC/Railpool	EVB		a)
185 611 II. Besetzung	*2008*	*34667*	*CBRail/ATC/RBS*	*DB AG*	*5)*	*h)/a)*
185 612	2008	34263	ATC/RBS	DB AG	3)	a)
185 613	2009	34271	ATC/RBS	DB AG	3)	a)
185 614	2008	34272	AT /RBS	DB AG	3)	a)
185 615	2008	34277	ATC/RBS	DB AG	3)	a)
185 616	2008	34279	ATC/RBS	DB AG	3)	a)
185 617	2008	34248	ATC/RBS	LTE	3)	a)
185 618	2008	34254	ATC/RBS	DB AG	3)	a)
185 619	2008	34257	ATC/RBS	DB AG	3)	a)
185 620	2008	34235	ATC	CargoNet		a)
185 621	2008	34231	ATC	CargoNet		a)
185 622-623	2009	34644-34645	ATC	CargoNet		a)
185 624	2009	34650	ATC	CargoNet		a)
185 625	2009	34654	ATC	CargoNet		a)
185 626	2009	34656	ATC	CargoNet		a)
185 627	2009	34661	ATC	CargoNet		a)
185 628	2009	34668	ATC	CargoNet		a)
185 629	2009	34676	ATC	CargoNet		a)
185 630	2008	34255	ATC	HGK	1)	a)
185 631	2008	34259	ATC	HGK	1)	a)
185 632	2008	34261	ATC	HGK	1)	a)
185 633	2009	34283	ATC/RBS	DB AG	3)	a)
185 634	2009	34658	ATC/RBS	DB AG	3)	a)
185 635	2009	34642	CBRail/Railpool	WLC		h)/f)
185 636	2009	34653	CBRail/ATC/RBS	DB AG	4)	h)/a)
185 636 II. Besetzung	2009	34702	CBRail/Railpool	WLC		h)/f)
185 637	2009	34667	CBRail/ATC/RBS	DB AG	5)	h)/a)
185 637 II. Besetzung	2009	34701	CBRail/Railpool	PCT		h)/f)
185 638	2009	34705	CBRail/Railpool	RAR		h)/f)
185 639	2009	34703	CBRail/Railpool	OHE		h)/f)
185 640	2009	34281	HVLE	HVLE		
185 641	2009	34643	HVLE	HVLE		
185 642	2009	34689	mgw	mgw		
185 649	2009	34706	VC	ITL		g)
185 650	2009	34695	VC	ITL		g)
185 661	2009	34669	LM	LM		
185 662	2009	34672	LM	LM		
185 663	2009	34679	LM	LM		
185 664-665	2009	34684-34685	LM	LM		
185 666	2009	34687	LM	LM		
185 671	2009	34671	Railpool	RTB		f)
185 672	*2008*	*34249*	*Railpool*	*EVB*		*f)*
185 673	*2008*	*34252*	*Railpool*	*EVB*		*f)*
185 674	2009	34707	Railpool	RTB		f)
185 675	2009	34708	Railpool	PR		f)
185 676	2009	34696	Railpool	EVB		f)
185 677	2009	34698	Railpool	ITL		f)
185 678	2009	34700	Railpool	OHE		f)
185 679	2009	34680	Railpool	LM		f)
185 680	2009	34691	Railpool	EVB		f)
185 681	2009	34713	Railpool	PCT		f)
185 682	2009	34715	Railpool	WLC		f)
185 683-684	2010	34719-34720	Railpool	RTB		f)
185 685	2010	34729	Railpool	RTB		f)
185 686-687	2010	34742-34743	Railpool	RTB		f)
185 688	2010	34744	Railpool	Cargolink		f)
185 689	2011	34745	Railpool	TXL		f)
185 690	2011	34746	Railpool	PCT		f)
185 691	2011	34747	Railpool	HTRS		f)
185 692	2011	34749	Railpool	RTB		f)
185 693	2011	34750	Railpool	TXL-S		f)
185 694	2011	34954	Railpool	TXL-S		f)
185 695	2011	34958	Railpool	TXL-S		f)
185 696	2010	34722	Railpool	TXL-S		f)
185 697	2010	34726	Railpool	TXL-S		f)
185 698	2012	34964	Railpool	Cargolink		f)
185 699	2012	34967	Railpool	Cargolink		f)
185 700	2012	34969	Railpool	Cargolink		f)
185 704	2011	34751	Railpool	SKJB		f)
185 705	2011	34753	Railpool	TXL-S		f)
185 706	2011	34941	Railpool	CargoNet		f)
185 707	2011	34943	Railpool	SKJB		f)
185 708	2011	34946	Railpool	CargoNet		f)
185 709	2011	34949	Railpool	CargoNet		f)
185 710	2011	34957	Railpool	CargoNet		f)
185 711	2011	34960	Railpool	CargoNet		f)
185 712	2011	34962	Railpool	CargoNet		f)
185 713	2011	34971	Railpool	CargoNet		f)
185 714	2012	34973	Railpool	CargoNet		f)
185 715	2012	34974	Railpool	PR		f)
185 716	*2007*	*34190*	*Railpool*	*boxxpress*		*f)*

erste Nummer	Baujahr	Fabrik-Nr.	Eigentümer	Nutzer	
185 717	*2008*	*34242*	*Railpool*	*boxxpress*	f)
241 001	2007	34189	HectorRail	HectorRail	
241 002	*2006*	*33794*	*HectorRail*	*HectorRail*	
241 003	2007	34186	HectorRail	HectorRail	
241 004	2007	34188	HectorRail	HectorRail	
241 005-006	2008	34205-34206	HectorRail	HectorRail	
241 007	2008	34267	HectorRail	HectorRail	
241 008	2008	34274	HectorRail	HectorRail	
241 009-010	2009	34682-34683	HectorRail	HectorRail	
241 011	2011	34953	HectorRail	HectorRail	
241 012	2011	34956	HectorRail	HectorRail	
481 001	2007	34190	DLH/Railp.	Eurocom	f)
481 002	2008	34242	DLH/Railp.	Eurocom	f)
482 035	*2004*	*33650*	*SBB-C*	*SBB-C*	
482 036	2005	33776	SBB-C	SBB-C	
482 037	2005	33779	SBB-C	SBB-C	
482 038	2006	33790	SBB-C	SBB-C	
482 039	2006	33792	SBB-C	SBB-C	
482 040	2006	33797	SBB-C	SBB-C	
482 041	2006	34100	SBB-C	SBB-C	
482 042	2006	34103	SBB-C	SBB-C	
482 043	2006	34105	SBB-C	SBB-C	
482 044	2006	34109	SBB-C	SBB-C	
482 045	2006	34111	SBB-C	SBB-C	
482 046	2006	34113	SBB-C	SBB-C	
482 047	2006	34116	SBB-C	SBB-C	
482 048-049	2006	34118-34119	SBB-C	SBB-C	
Re 1423	2009	34697	GC	GC	
Re 1424	2009	34699	GC	GC	
Re 1425	2009	34704	GC	GC	
Re 1426	2009	34694	GC	GC	
Re 1427-1428	2010	34709-34710	GC	GC	
Re 1429	2010	34714	GC	GC	
Re 1430-1432	2010	34716-34718	GC	GC	
Re 1433	2010	34721	GC	GC	
Re 1434	2010	34723	GC	GC	
Re 1435	2010	34725	GC	GC	
Re 1436	2010	34724	GC	GC	
Re 1437-1438	2010	34727-34728	GC	GC	

Anmerkungen:
1) 185 575, 603-606, 630-632 = HGK 2010, 2061-2067
2) 185 582, 584-589 = HGK 2051-2057
3) 2010 von ATC an RBS verkauft, erste Vermietung über RBS
4) vorgesehen als CBRail 185 636, an ATC als 185 610 II. Besetzung geliefert und 2010 an RBS als 185 610 II. Besetzung verkauft
5) vorgesehen als CBRail 185 637, an ATC als 185 611 II. Besetzung geliefert und 2010 an RBS als 185 611 II. Besetzung verkauft

Baujahre 2004 ff.

	DB	GC	HectorRail	Leasing	SBB	sonstige	gesamt
Stückzahl	202	19	12	120	15	25	393

TRAXX F140 AC3 (LM)

Hersteller: BT Kassel

erste Nummer	Baujahr	Fabrik-Nr.	Eigentümer	
187 001	2011	34935	BT	6)
187 002-003	2012	34936-34937	BT	6)
187 004-008	2013	35055-35059	Railpool	f)
187 009	2014	35093	BT	6)
187 010	2014	35113	BT	6)/7)
187 010 II. Besetzung	2014	35129	BT	
187 011-012	2014	35132-35133	AKIEM	
187 013-014	2015	35127-35128	AKIEM	
187 101	2014	35126	DB AG	
187 102	2014	35114	DB AG	
187 103	2015	35131	DB AG	
187 104-210	201x	?	DB AG	
187 300-316	2015	?	Railpool	f)
487 001	*2014*	*35113*	*SRT*	*7)*

Anmerkungen:
6) Versuchsträger von Bombardier; die 187 001-003 wurden zwischenzeitlich an Railpool verkauft
7) ex 187 010; die Lok wurde erst als Versuchsträger von BT genutzt und dann als 487 001 an SRT verkauft

Baujahre 2011 ff.

	DB AG	Leasing	sonstige	gesamt
Stückzahl	110	22	10	142

TRAXX P160 DE

Hersteller: BT Kassel

erste Nummer	Baujahr	Fabrik-Nr.	Eigentümer	Nutzer
246 001	2006	34301	LNVG/HVLE	ME
246 002-003	2006	34307-34308	LNVG	ME
246 004	2007	34324	LNVG	ME
246 005	2007	34326	LNVG	ME
246 006	2007	34329	LNVG	ME
246 007	2007	34333	LNVG	ME
246 008	2007	34337	LNVG	ME
246 009	2007	34341	LNVG	ME
246 010	2007	34345	LNVG/HVLE	IGT
246 011	2007	34349	LNVG/IGT	IGT

Baujahre 2006 und 2007

	LNVG	gesamt
Stückzahl	11	11

TRAXX F140 MS2

Hersteller: BT Kassel

erste Nummer	Baujahr	Fabrik-Nr.	Eigentümer	Nutzer	
484 001	2004	34000	SBB-C	SBB-C	
484 002	2004	33998	SBB-C	SBB-C	
484 003-004	2004	34001-34002	SBB-C	SBB-C	
484 005	2004	33999	SBB-C	SBB-C	
484 006-011	2004	34003-34008	SBB-C	SBB-C	
484 012	2004	34010	SBB-C	SBB-C	
484 013	2004	34015	SBB-C	SBB-C	8)
484 014-015	2004	34011-34012	SBB-C	SBB-C	8)
484 016	2004	34009	SBB-C	SBB-C	8)
484 017-018	2004	34013-34014	SBB-C	SBB-C	8)
484 019	2006	34292	SBB-C	SBB-C	
484 020-021	2006	34296-34297	SBB-C	SBB-C	
484 901-902	2006	34290-34291	MRCE	CR	c)
484 903-905	2006	34293-34295	MRCE	SBB-C	c)

Anmerkung:
8) 2005-2009 Vermietung an Cisalpino, ein Joint Venture von SBB und FS für den EC-Verkehr zwischen der Schweiz und Norditalien (Mailand)

Baujahre 2004-2006

	SBB	Leasing	gesamt
Stückzahl	21	5	26

TRAXX F140 DC

Hersteller: BT Vado Ligure und BT Kassel *)

erste Nummer	UIC-Nr.	Baujahr	Fabrik-Nr.	Eigentümer	Nutzer	
253 001-002		2007	7980-7981	Renfe	Renfe	
253 003-014		2008	7982-7993	Renfe	Renfe	
253 015-059		2009	7994-8038	Renfe	Renfe	
253 060-100		20xx	8039-8079	Renfe	Renfe	
253 101-103		2009	8257-8259	COMSA	COMSA	
483 001		2006	34298	ATC	RI	9) a)/i)
483 002-005		2007	7969-7972	ATC	RTC	9) a)
483 006-007		2007	7973-7974	ATC	RI	9) a)/i)
483 008-010		2007	7975-7977	ATC	NC	9) a)
483 011-014		2008	8230-8233	ATC	Linea	9) a)/i)
483 015-017		200x	8234-8236	ATC	CR	9)/10) a)
483 018-020		200x	8237-8239	ATC	Arenaways	9)/10) a)
483 021-022		2009	8248-8249	APS	SerFer	9)
483 023-026		2009	8250-8253	FER	FER	9)/11)
483 030-031		2012	8430-8431	FAS	FAS	9)
483 040-041		2013	?	FT	FT	9)
483 051-053		2009	8254-8256	GTS	GTS	9)
483 054-055		2011	8378-8379	GTS	GTS	9)
483 056-057		2015	?	GTS	GTS	9)
483 101-108		2009	8240-8247	FNM	FNM	9)
483 201-202	5170 022-023	2010	8365-8366	PMT	PMT	
483 251	5170 012	2011	34820	Railpool	Lotos	12) f)
483 252	5170 013	2011	34822	Railpool	Lotos	12) f)
483 253	5170 014	2011	34824	Railpool	Lotos	12) f)
483 254-256	5170 017-019	2011	34830-34832	Railpool	Lotos	12) f)
5170 015		2011	34834	Railpool	Lotos	f)
5171 016		2011	34836	Railpool	Lotos	f)

Anmerkungen:
*) in Kassel gefertigt: 483 001, 483 251-483 256, 5170 015 und 5170 016
9) Zulassung nur für Italien
10) Erstvermietung 2010
11) 2010 Verkauf an Sistemi Territoriali S.p.A.
12) 201x Umzeichnung von 483 251-253 und 483 254-256 in die polnischen Nummern 5170 012-014 und 5170 017-019

Baujahre 2006 ff.

	Leasing	Renfe	sonstige	gesamt
Stückzahl	28	100	30	158

TRAXX P160 DE ME

Hersteller: BT Kassel

erste Nummer	Baujahr	Fabrik-Nr.	Eigentümer	Nutzer	
245 001-002	2012	35001-35002	DB	DB Regio	
245 003	2012	35000	DB	DB Regio	
245 004-006	2013	35003-35005	DB	DB Regio	
245 007-009	2014	35006-35008	DB	DB Regio	
245 010-011	2014	35011-35012	DB	DB Regio	
245 012-013	2014	35009-35010	DB	DB Regio	
245 014-015	2014	35014-35015	DB	DB Regio	
245 016	2014	35013	DB	DB Regio	
245 017-020	2014	35016-35019	DB	DB Regio	
245 xxx-xxx	201x	?	DB		21)
245 201	2015	35198	Paribus		22)
245 202	2015	?	Paribus		22)
245 203-204	2015	35199-35200	Paribus		22)
245 205-215	2015	?	Paribus		22)

Anmerkungen:
21) 7 Maschinen sind für den „Syltshuttle" bestellt, Auslieferung ab Ende 2015 (Ersatz für die bislang dort eingesetzten Lokomotiven der Baureihe 218)
22) ursprünglich als 245 501-515 geplant

Baujahre 2012 ff.

	DB	Leasing	gesamt
Stückzahl	27	15	42

TRAXX F140 DE

Hersteller: BT Kassel

erste Nummer	UIC-Nr.	Baujahr	Fabrik-Nr.	Eigentümer	Nutzer	
285 001		2007	34315	CB-Rail	HVLE	h)
285 102		2007	34361	CB-Rail	HVLE	h)
285 103		2007	34364	CB-Rail	ITL	h)
285 104		2008	34369	CB-Rail	ITL	h)
285 105		2008	34372	CB-Rail	ITL	h)
285 106		2008	34375	CB-Rail	ITL	h)
285 107		2008	34378	CB-Rail	Railpool	h)
285 108-109		2008	34379-34380	CB-Rail	ITL	h)
285 110		2008	34381	BT		
285 111		2010	34763	CB-Rail	ITL	h)
285 111 II. Besetzung		2012	?	CB-Rail	ITL	h)
650 016	285 121	2010	34773	Lotos		
650 017	285 122	2011	34796	Lotos		
650 018	285 123	2011	34798	Lotos		
650 019	285 124	2011	34801	Lotos		
650 020	285 125	2011	34803	Lotos		
650 021	285 126	2011	34806	Lotos		
650 022	285 127	2011	34810	Lotos		
650 023-024	285 128-129	2011	34812-34813	Lotos		
650 025	285 130	2011	34816	Lotos		
76 001		2009	34462	BT		20)
76 002		2009	34492	BT		20)
76 003		2010	34762	BT		20)
76 004		2013	34838	BT		20)
76 101	*285 117*	*2008*	*34381*	*Captrain*	*ITL*	*20)*
76 102	285 118	2009	34486	Captrain	Raildox	20)
76 103	285 112	2013	34842	RC	RC	20)
76 104	285 113	2013	34843	RC	RC	20)
76 105	285 114	2013	34844	RC	RC	20)
76 106	285 115	2013	34994	RC	RC	20)
76 107	285 116	2013	34995	RC	RC	20)
76 108	285 119	2013	34996	Captrain	ITL	20)
76 109		2013	34997	BT	Raildox	20)
76 110		2013	34998	BT	PRESS	20)
76 111		2013	34999	BT	SWT	20)

Anmerkung:
20) vorgesehen für SNCF FRET (AKIEM, ein Tochterunternehmen der SNCF), Vorratsloks Bombardier

Baujahre 2006 ff.

	Leasing	Lotos	BT	sonstige	gesamt
Stückzahl	10	10	7	8	35

DOPPELT AUFGEFÜHRTE LOKS

185 561 wurde zur 482 035
185 568 wurde zur 241 002
185 610 wurde zur 185 672
185 611 wurde zur 185 673
185 636 wurde zur 185 610 II. Besetzung
185 637 wurde zur 185 611 II. Besetzung
481 001 wurde zur 185 716
481 002 wurde zur 185 717

186 911 wurde zur 186 281
186 912 wurde zur 186 282
186 913 wurde zur 186 285
186 914 wurde zur 186 283
186 915 wurde zur 186 284

187 010 wurde zur 487 001
285 110 wurde zur 76101

TRAXX F140 MS2E

Hersteller: BT Kassel

erste Nummer	Baujahr	Fabrik-Nr.	Eigentümer	Nutzer	
186 101-102	2006	34299-34300	ATC/Railpool	LM	13) a)/f)
186 103-106	2007	34317-34320	ATC/Railpool	LM	13) a)/f)
186 107	2007	34327	ATC/Railpool	LM	13) a)/f)
186 108	2007	34325	ATC/Railpool	LM	13) a)/f)
186 109	2007	34328	ATC/Railpool	LM	13) a)/f)
186 110	2007	34330	ATC/Railpool	LM	13) a)/f)
186 111-112	2006	34303-34304	ATC	NS-H	a)
186 113	2006	34302	ATC	NS-H	a)
186 114	2007	34310	ATC	NS-H	a)
186 115	2007	34309	ATC	NS-H	a)
186 116	2007	34311	ATC	NS-H	a)
186 117-119	2007	34321-34323	ATC	NS-H	a)
186 120	2007	34331	ATC	NS-H	a)
186 121	2007	34339	ATC	NS-H	a)
186 122	2007	34342	ATC	NS-H	a)
186 123-124	2007	34312-34313	ATC	SNCB	a)
186 125	2007	34316	ATC	SNCB	a)
186 126-127	2006	34305-34306	ATC	PKP-C	a)
186 128	2007	34334	ATC	PKP-C	a)
186 129	2007	34335	ATC	OHE	a)
186 130	2007	34338	ATC	DB AG	a)
186 131	2007	34343	ATC	PKP-C	a)
186 132	2007	34346	ATC	PKP-C	a)
186 133	2007	34347	ATC	OHE	a)
186 134	2007	34350	ATC	PKP-C	a)
186 135	2007	34351	ATC	DB AG	a)
186 136-137	2007	34355-34356	CBRail	Railpool/Lotos	14) h)
186 138	2008	34359	CBRail	IGT	h)
186 139	2008	34360	CBRail	DLC	h)
186 140	2008	34366	CBRail	ITL	h)
186 141	2008	34367	CBRail/Railpool	PKP-PR	f)/k)
186 142	2008	34373	CBRail	ITL Benelux	h)
186 143	2008	34374	CBRail/Railpool	PKP-PR	f)/k)
186 144	2008	34376	CBRail	LOCON	h)
186 145	2008	34377	CBRail/Railpool	PKP-PR	f)/k)
186 146	2007	34332	CBRail/Railpool	ITL	h)/f)
186 147	2007	34336	CBRail/Railpool	Lotos	h)/f)
186 148	2007	34340	CBRail	ITL Benelux	h)
186 149	2007	34344	CBRail	ITL Benelux	h)
186 150	2007	34348	CBRail	ITL Benelux	h)
186 161	2008	34365	ECR	ECR	
186 162	2008	34368	ECR	ECR	
186 163	2008	34430	ECR	ECR	
186 164-165	2009	34437-34438	ECR	ECR	
186 166	2009	34443	ECR	ECR	
186 167	2009	34447	ECR	ECR	
186 168	2009	34450	ECR	ECR	
186 169	2009	34454	ECR	ECR	
186 170	2009	34458	ECR	ECR	
186 171	2009	34467	ECR	ECR	
186 172	2009	34469	ECR	ECR	
186 173	2009	34461	ECR	ECR	
186 174	2009	34473	ECR	ECR	
186 175	2009	34475	ECR	ECR	
186 176-180	2009	34757-34761	ECR	ECR	
186 181-182	2008	34411-34412	Veolia/Railpool	ITL	g)/f)
186 183	2011	34833	Railpool	KRE	f)
186 184-185	2009	34463-34464	Veolia/VC	ITL	g)
186 186	2009	34470	Veolia/VC	SNCF	g)
186 187	2011	34835	Railpool	RTB	f)
186 188	2014	35115	AKIEM	SNCF	g)
186 189	2014	35117	AKIEM	SNCF	g)
186 190	2014	35119	AKIEM	SNCF	g)
186 191	2014	35137	AKIEM	SNCF	g)
186 196-205	2008	34382-34391	ATC	SNCB	a)
186 206	2008	34393	ATC	SNCB	a)
186 207	2008	34392	ATC	SNCB	a)
186 208-209	2008	34394-34395	ATC	SNCB	a)
186 210-213	2008	34397-34400	ATC	SNCB	a)
186 214-215	2008	34402-34403	ATC	SNCB	a)
186 216	2008	34408	ATC	SNCB	a)
186 217	2008	34410	ATC	SNCB	a)
186 218-219	2008	34416-34417	ATC	SNCB	a)
186 220	2008	34419	ATC	SNCB	a)
186 221	2008	34428	ATC	SNCB	a)
186 222	2008	34431	ATC	SNCB	a)
186 223	2008	34440	ATC	SNCB	a)
186 224	2008	34444	ATC	SNCB	a)
186 225	2008	34446	ATC	SNCB	a)
186 226	2008	34453	ATC	SNCB	a)
186 227	2009	34455	ATC	SNCB	a)
186 228	2009	34459	ATC	SNCB	a)
186 229	2009	34465	ATC	SNCB	a)
186 230-231	2009	34471-34472	ATC	SNCB	a)
186 232	2009	34480	ATC	SNCB	a)
186 233	2009	34482	ATC	SNCB	a)
186 234	2009	34490	ATC	SNCB	a)
186 235	2009	34493	ATC	SNCB	a)
186 236	2009	34436	CBRail	NS-H	h)
186 237-238	2009	34441-34442	CBRail	CapTrain B	h)
186 239	2009	34448	CBRail	CapTrain B	h)
186 240	2009	34457	CBRail	NS-H	h)
186 241	2008	34415	ATC	DB AG	a)
186 242	2009	34451	ATC/RBS	ITL	15) a)
186 243	2009	34452	ATC/RBS	RTS	15) a)
186 244	2009	34456	ATC/RBS	FL	15) a)
186 245	2009	34474	ATC/RBS	FL	15) a)
186 246	2009	34477	ATC/RBS	CFL-C	15) a)
186 247	2009	34479	ATC/RBS	CFL-C	15) a)
186 248	2009	34485	ATC/RBS	ITL	15) a)
186 249	2009	34494	ATC/RBS	FL	15) a)
186 250	2009	34495	ATC/RBS	RTS	15) a)
186 251	2009	34421	ATC/Railpool	RTC	16) a)/f)
186 261	2014	35118	AKIEM	Orlen	g)
186 262	2014	35116	AKIEM	Orlen	g)
186 263	2014	35120	AKIEM	Orlen	g)
186 264	2014	35122	AKIEM		g)
186 265	2014	35176	AKIEM	CapTrain PL	g)
186 266	2014	35125	AKIEM	CTL	g)
186 267	2015	35167	AKIEM		g)
186 271	2009	34766	Railpool	Lotos	f)
186 272-273	2010	34770-34771	Railpool	Lotos	f)
186 274-275	2010	34781-34782	Railpool	Lotos	f)
186 276	2010	34785	Railpool	OHE	f)
186 281	*2009*	*34460*	*Railpool*	*LM*	*17) f)*
186 282	*2009*	*34468*	*Railpool*	*LM*	*17) f)*
186 283	*2009*	*34488*	*Railpool*	*LM*	*17) f)*
186 284	*2009*	*34756*	*Railpool*	*LM*	*17) f)*
186 285	*2009*	*34476*	*Railpool*	*LM*	*17) f)*
186 286-287	2011	34827-34828	Railpool	LM	f)
186 288	2012	34837	Railpool	LM	f)
186 289	2012	34841	Railpool	METRANS	f)
186 290	2012	34839	Railpool	LM	f)
186 291	2012	34840	Railpool	METRANS	f)
186 301	2010	34774	ECR	ECR	
186 302	2010	34772	ECR	ECR	
186 303-308	2010	34775-34780	ECR	ECR	
186 309-313	2010	34786-34790	ECR	ECR	
186 314-318	2011	34791-34795	ECR	ECR	
186 319-320	2011	34818-34819	ECR	ECR	
186 321-322	2010	34764-34765	DB	DB	
186 323-325	2010	34767-34769	DB	DB	
186 326-327	2010	34783-34784	DB	DB	
186 328	2011	34797	DB	DB	
186 329-330	2011	34799-34800	DB	DB	
186 331	2011	34802	DB	DB	
186 332	2011	34804	DB	DB	
186 333	2011	34805	DB	DB	
186 334-336	2011	34807-34809	DB	DB	
186 337	2011	34811	DB	DB	
186 338-339	2011	34814-34815	DB	DB	
186 340	2011	34817	DB	DB	
186 341	2011	34821	ECR	ECR	
186 342	2011	34823	ECR	ECR	
186 343-344	2011	34825-34826	ECR	ECR	
186 345	2011	34829	ECR	ECR	
186 346	2009	34478	ATC	SNCB	a)
186 347	2009	34483	ATC	SNCB	18) a)
186 348	2009	34487	ATC	SNCB	a)
186 349	2009	34484	ATC	SNCB	a)
186 350	2009	34481	ATC	SNCB	a)
186 421-423	2015	35179-35181	Railpool		f)
186 424-428	2015	?	Railpool		f)
186 429	2015	35182	Railpool		f)
186 430-438	2015	?	Railpool		f)
186 440-441	2014	35174-35175	LM	LM	
186 442	2014	35124	LM	LM	
186 443	2014	35153	LM	LM	
186 444	2014	35178	LM	LM	
186 901	2007	34314	CBRail	CR	19) h)
186 902-903	2007	34353-34354	CBRail	CR	h)
186 904	2007	34352	CBRail	CR	h)
186 905	2007	34357	CBRail	CR	h)
186 906	2008	34358	CBRail	CR	h)
186 907	2008	34362	CBRail	CR	h)
186 908	2008	34363	CBRail	Linea	h)/j)
186 909-910	2008	34370-34371	CBRail	Linea	h)/j)
186 911	2009	34460	CBRail		17) h)
186 912	2009	34468	CBRail		17) h)
186 913	2009	34476	CBRail		17) h)
186 914	2009	34488	CBRail		17) h)
186 915	2009	34756	CBRail		17) h)
386 001-004	2014	35154-35157	METRANS	METRANS	
386 005	2014	35160	METRANS	METRANS	
386 006-007	2014	35145-35146	METRANS	METRANS	
386 008	2014	35161	METRANS	METRANS	
386 009	2014	35149	METRANS	METRANS	
386 010	2014	35163	METRANS	METRANS	
386 011	2014	35166	METRANS	METRANS	
386 012	2014	35123	METRANS	METRANS	
386 013	2014	35177	METRANS	METRANS	
386 014	2015	35165	METRANS	METRANS	
386 015	2015	35168	METRANS	METRANS	
386 016	2015	35170	METRANS	METRANS	
386 017	2015	35169	METRANS	METRANS	
386 018-020	2015	35171-35173	METRANS	METRANS	
486 501	2008	34396	BLS-C	BLS-C	
486 502	2008	34401	BLS-C	BLS-C	
486 503-504	2008	34404-34405	BLS-C	BLS-C	
486 505-506	2008	34422-34423	BLS-C	BLS-C	
486 507-508	2008	34426-34427	BLS-C	BLS-C	
486 509-510	2008	34433-34434	BLS-C	BLS-C	

Anmerkungen:
13) von ATC bestellt und 2009 an Railpool geliefert, Erstvermietung an LM
14) ausgeliefert an ATC und an Railpool vermietet
15) von ATC bestellt und 2010 an RBS verkauft, Erstvermietung über RBS
16) von ATC bestellt und 2011 an Railpool verkauft, Erstvermietung an RTC
17) für CB Rail als E 186 911, 912, 914, 915 und 913 vorgesehen und an Railpool als 186 281-285 geliefert, Erstvermietung über Railpool
18) vorgesehen als 186 177 (für ECR)
19) vor der Auslieferung machte sie als 186 151 Zulassungsfahrten in Italien

Baujahre 2006 ff.

	BLS	DB	ECR	Leasing	Metrans	sonstige	gesamt
Stückzahl	10	20	45	159	20	20	274

TRAXX F160 MS2E

Hersteller: BT Kassel

erste Nummer	Baujahr	Fabrik-Nr.	Eigentümer	Nutzer
186 001-002	2014	35135-35136	NS	NS
186 003	2014	35121	NS	NS
186 004-010	2014	35138-35144	NS	NS
186 011-012	2014	34158-35159	NS	NS
186 013-014	2014	35147-35148	NS	NS
186 015	2014	35162	NS	NS
186 016-018	2014	35150-35152	NS	NS
186 019	2014	36164	NS	NS

Baujahre 2014 ff.

	NS	gesamt
Stückzahl	19	19

ABKÜRZUNGEN

Eisenbahnverkehrsunternehmen, Leasingfirmen und andere Unternehmen

Ad	Adtranz
ATC	Angel Trains Cargo NV/SA
AGV	Anlagen und Grundstücksvermietungsges. mbH & Co. KG
APS	Autorità di Savona
BLS-C	Berner Alpenbahn-Gesellschaft Bern-Lötschberg-Simplon AG, Cargo
BT	Bombardier Transportation
BRLL	Beacon Rail Leasing Ltd.
CapTrain B	CapTrain Benelux B.V. (Niederlande)
CapTrain PL	CapTrain Polska Sp. Z.o.o.
CBRail	CBRail S.a.r.l.
ČD	České dráhy (Die Tschechischen Bahnen)
CFL	Société Nationale des Chemins de Fer Luxembourgeois (Luxemburgische Staatsbahn)
CFL-C	Société Nationale des Chemins de Fer Luxembourgeois (Luxemburgische Staatsbahn), Cargo
Connex	Connex Regionalbahn GmbH (heute Captrain Deutschland GmbH)
CR	Crossrail AG (seit 22.12.2014 eine 50,1 %-ige Tochter der Rhenus-Holding, weitere Gesellschafter u.a. LKW Walter und Hupac)
DB AG	DB AG (bzw. die deutschen Töchter)
DL	Deutsche Leasing
DLC	Dillen & Le Jeune Cargo N. V. (Belgien)
DLH	Deutsche Leasing Hungaria Kft.
ECR	Euro Cargo Rail SAS (ein Tochterunternehmen der DB Schenker Rail Deutschland AG)
EVB	Eisenbahnen und Verkehrsbetriebe Elbe-Weser GmbH
FAS	Ferrovia Adriatico Sangritana S.r.l.
FER	Ferrovie Emilia Romagna S.r.l.
FL	Freightliner PL Sp. z o.o.
FS	Ferrovie dello Stato (Italienische Staatsbahn)
FNM	Ferrovie Nord Milano S.p.A.
FT	Ferrotramviaria S.p.A.

TRAXX-FAMILIE

	BLS	BT	CFL	DB	ECR	GC	Hector	KM	Leasing	LNVG	Lotos	MÁV	Metrans	MThB	NS	Renfe	SBB-C	sonstige	gesamt
TRAXX F 140 AC				80					15					6				2	**103**
TRAXX F 140 AC1	20			200					54								35	3	**312**
TRAXX F 140 AC2				202		19	12		120								15	25	**393**
TRAXX F 140 AC3 (LM)				110					22									10	**142**
TRAXX F 140 DC									28							100		30	**158**
TRAXX P 140 AC1			20																**20**
TRAXX F 140 DE		7							10		10							8	**35**
TRAXX P 160 AC				63						10									**73**
TRAXX P 160 AC2				106						19		25						4	**154**
TRAXX P 160 AC3				37															**37**
TRAXX P 160 DC								11											**11**
TRAXX P 160 DE										11									**11**
TRAXX P 160 DE ME				27					15										**42**
TRAXX F 140 MS2									5								21		**26**
TRAXX F 140 MS2e	10			20	45				159				20					20	**274**
TRAXX F 160 MS2e															19				**19**
																			1810

UNFÄLLE MIT TRAXX-LOKOMOTIVEN (AUSWAHL)

Die Eisenbahn ist ein sehr sicheres Verkehrsmittel, trotzdem ereignen sich gelegentlich Unfälle, oft mit nur geringen Folgen. Bisher mussten lediglich zwei TRAXX-Loks nach schweren Unfällen ausgemustert werden (145 006 und 186 140). Drei Maschinen erhielten einen neuen Kasten und wurden mit noch verwendbaren Teilen wieder aufgebaut (145 013, 185 055 und 285 111), alle anderen an Unfällen beteiligten TRAXX-Loks konnten nach unterschiedlich schweren Schäden repariert werden.

Lokomotive	Halter/EVU	Unfall-Datum	Ort	Strecke	Vorgang	Folgen
145 006	DB	18.03.2004	Osnabrück	Bremen – Osnabrück	Zug wegen mangelnder Bremswirkung entgleist und Lok in Brand geraten	A
145 013	DB	03.03.1999	Hannover-Linden	Seelze – Lehrte	Frontalzusammenstoß mit Rangierabteilung (294 226)	A/N
145 020	DB	19.06.2007	Dörrwalde	Senftenberg – Lübbenau	Frontalzusammenstoß mit 1116 235	Rep
145-CL 011	HGK	17.10.2002	Basel Bad Bf		Entgleisung wegen Weichenschaden	Rep
146-06	ME	05.09.2013	Bremen Hbf		Entgleisung, Weiche unter Zug gestellt	Rep
185 050	DB	11.04.2008	Neumarkt-Kallham	Passau – Wien	Gegenläufige Flankenfahrt zweier Güterzüge	Rep
185 055	DB	05.02.2003	München Nord Rbf		Lok fuhr Güterzug in die Flanke und stürzte um	A/N
185 062	DB	25.09.2006	Maschen Rbf		Zusammenstoß	Rep
185 097	DB	18.04.2006	Muttenz Rbf (CH)		Entgleisung	Rep
185 105	DB	27.02.2013	Basel Bad Bf		Mit Güterzug auf eine einzeln fahrende Lok (Re 11365) aufgefahren, die ein Haltsignal überfahren hatte	Rep
185 112, 185 121	DB	05.11.2008	San Nazzaro (CH)	Bellinzona – Luino	Mit Güterzug in Erdrutsch gefahren und entgleist	Rep
185 232	DB	15.06.2013	Heilbronn		Flankenfahrt auf Rangierfahrt	Rep
185 259	DB	07.02.2015	Axstedt	Bremerhaven – Bremen	BÜ-Unfall mit Treckergespann	Rep
185 388	DB	19.12.2012	Düsseldorf-Eller	Duisburg – Köln	Mit Bus auf BÜ zusammengeprallt und entgleist, anschließend Güterzug der Gegenrichtung in Unfallstelle gefahren	Rep
185 513	TXL/HGK	20.08.2009	Dannenwalde	Rostock – Berlin	Aufprall auf Zwei-Wege-Bagger	Rep
185 544	MRCE/RBH	05.11.2008	Dillenburg	Wetzlar – Hagen	Mit Güterzug auf stehenden Güterzug aufgefahren	Rep
185 571	MRCE/BOXX	11.05.2012	Bremerhaven-Speckenbütt.		Flankenfahrt beim Rangieren, entgleist und in Schräglage geraten	Rep
185 596, 485 002	CR/BLS	28.01.2010	Brig (CH)		Zusammenstoß zweier Güterzüge mit Re 436 113 und 185 596 sowie Gegenzug mit 485 002	Rep
185 622	Cargonet	13.01.2012	Dombås (NO)	Oslo – Trondheim	Entgleisung nach technischem Defekt (185 622 = Cargonet-Lok 119 003)	Rep
186 130	AT/DB	24.04.2014	Wojnowice (PL)	Frankfurt/O. – Poznan	BÜ-Unfall mit Pkw, Brand	?
186 140	ITL	26.07.2012	Hosena	Ruhland – Hoyerswerda	Zug wegen mangelnder Bremswirkung auf anderen Güterzug aufgefahren	A
285 111	ITL	28.11.2010	Neustrelitz	Rostock – Berlin	Zusammenstoß zweier Bauzüge	A/N
285 119	Captrain	02.11.2014	Dresden/Alberthafen		Flankenfahrt mit 345 283	Rep
Re 1437	Green Cargo	15.04.2011	Ockelbo (SE)	Ockelbo – Storvik	BÜ-Unfall mit Lieferwagen, Lok in Brand geraten	Rep

A Ausmusterung | A/N Ausmusterung/Neuaufbau (Zweitbesetzung) | Rep Reparatur

Zusammenstellung: Jürgen Hörstel

QUELLEN- UND LITERATURHINWEISE

- Jürgen Hörstel:
„Neue Plattform-Varianten aus der TRAXX-Familie",
Deine Bahn 9/2014, Bahn-Fachverlag, Berlin
- Jürgen Hörstel:
„Die neue Baureihe 245 – Mit vier Motoren",
Lok-Magazin 7/2014,
GeraMond-Verlag, München
- Jürgen Hörstel:
„Baureihe 187 – Die letzten Meter",
Lok-Magazin 2/2014, GeraMond-Verlag, München
- Jürgen Hörstel:
„Hector Rail – ein Erfolgsmodell aus Schweden",
Eisenbahn-Revue International 8-9/2012, Minirex-Verlag, Luzern
- Jürgen Hörstel:
„20 Jahre Baureihe 120.1 – Kilometerfresser",
Eisenbahn-Journal 9/2007, VGB Verlagsgruppe Bahn, Fürstenfeldbruck
- Jürgen Hörstel:
„10 Jahre 101 & Co – Von der Universallok zur neuen Lokfamilie",
Eisenbahn-Journal 8/2006, VGB Verlagsgruppe Bahn, Fürstenfeldbruck
- Jürgen Hörstel:
„metronom startet durch",
Eisenbahn-Journal 12/2005, VGB Verlagsgruppe Bahn, Fürstenfeldbruck
- Jürgen Hörstel, Karl-Heinz Buchholz:
„Loks aus Kassel",
Eisenbahn-Journal 9/2004, VGB Verlagsgruppe Bahn, Fürstenfeldbruck
- Jürgen Hörstel:
„IORE-Loks: Erzbahn-Riesen komplett",
Eisenbahn-Journal 6/2004, VGB Verlagsgruppe Bahn, Fürstenfeldbruck
- Jürgen Hörstel:
„Rübelandbahn – E-Lok-Kräftemessen",
Eisenbahn-Journal 12/2003, VGB Verlagsgruppe Bahn, Fürstenfeldbruck
- Jürgen Hörstel:
„Die Taktgeber",
Eisenbahn-Journal 11/2003, VGB Verlagsgruppe Bahn, Fürstenfeldbruck
- Jürgen Hörstel:
„Zwillinge, Drillinge und Jubiläen am Polarkreis",
Eisenbahn-Journal 9/2003, VGB Verlagsgruppe Bahn, Fürstenfeldbruck

Diverse Ausgaben der Zeitschriften
- Bahn-Report, Interessengemeinschaft Schienenverkehr e.V., Rohr
- Drehscheibe, AG Drehscheibe e.V., Köln
- Eisenbahn-Journal, VGB Verlagsgruppe Bahn, Fürstenfeldbruck
- Eisenbahn-Revue International, Minirex-Verlag, Luzern
- Lok-Report, Lok-Report-Verlag, Berlin

TRAXX im Internet
www.railcolor.net
www.lok-datenbank.de
www.br146.de

GC Green Cargo AB
GTS General Transporte Service S.p.A.
HGK Häfen und Güterverkehr Köln AG
HML Hannover Mobilien Leasing GmbH
HRS Hoyer Railserv GmbH
HTRS HTRS Süd GmbH
HVLE Havelländische Eisenbahn AG
IGT Inbetriebnahmeges. Transporttechnik mbH
ITL ITL Eisenbahnges. mbH (ein Tochterunternehmen der Captrain Deutschland GmbH)
KM Koleje Mazowieckie Sp. z . o.o.
KRE KomiRail Europe B.V. (Niederlande)
LC Locomotion Capitals Ltd.
LM Lokomotion Ges. für Schienentraktion mbH (Gesellschafter: je 30% DB Schenker Rail Deutschland AG und RTC, je 20 % STR-Brenner Schienentransport AG und Kombiverkehr GmbH & Co. KG)
LNVG Landesnahverkehrsges. Niedersachsen mbH
Lotos Lotos Kolej Sp. z o.o. (Polen)
LTE Logistik und Transport GmbH, Graz
MÁV Magyar Államvasutak (Ungarische Staatseisenbahnen)
ME Metronom Eisenbahnges. mbH
MEG Mitteldeutsche Eisenbahn GmbH (ein Tochterunternehmen der DB Schenker Rail GmbH und der Transpetrol GmbH)
mgw mgw Service GmbH & Co. KG
MRCE Mitsui Rail Capital Europe B. V.
MThB Mittelthurgaubahn AG, Weinfelden
NC Nordcargo S.r.l. (seit 2008 eine 49 %-ige DB AG -Tochter, später 60 %, ab 01.01.2015 DB Schenker Italia s.r.l.)
NDH Neuss Düsseldorfer Häfen GmbH & Co. KG
NS Nederlandse Spoorwegen N.V. (Niederländische Staatsbahn AG)
NS-H Nederlandse Spoorwegen N.V. (Niederländische Staatsbahn AG) Highspeed
NSB Norges Statsbaner (Norwegische Staatsbahn)
ÖBB Österreichische Bundesbahnen
OHE Osthannoversche Eisenbahn AG (ein Tochterunternehmen der Netinera Deutschland GmbH, eine FS-Tochter)
OME Ostmecklenburgische Eisenbahn GmbH
PB Porterbrook Leasing Comp. Ltd.
PCT Private Car Train GmbH
PKP-C Polskie Koleje Państwowe Cargo (Polnische Staatsbahn Cargo)
PKP PR/PR Przewozy Regionale spolka z o.o. (Polen)
PMT Pol-Miedz-Tans Sp. z o.o.
PR Peterson Rail AB
PRESS Eisenbahnbau und Betriebsges. Pressnitztalbahn GmbH
r4c rail4chem Eisenbahnverkehrsges. mbH
RAG Ruhrkohle AG Bahn und Hafen GmbH (2006 Umfirmierung in RBH Logistics GmbH, ein Tochterunternehmen der DB Schenker Rail Deutschland AG)
RAR rent-a-rail Eisenbahn Service AG
RBS RBS Asset Finance Europe Limited
RC RheinCargo GmbH & Co. KG (2012 als Tochterunternehmen der HGK und NDH entstanden)
RD Railion Danmark A/S
RI Railion Italia S.r.l.
RS Railion Scandinacia A/S
RSC DB Schenker Rail Scandinavia A/S
RTB Rurtalbahn Cargo GmbH
RTC Rail Traction Company S.p.A.
RTS (CH) RailTractionServices (Switzerland AG)
RTS Rails Transport Service Germany GmbH
SBB-C Schweizerische Bundesbahnen Cargo AG
SerFer Servizi Ferroviari S.r.l.
SJ Statens Järnvägar (Schwedische Staatsbahn)
SKJB Skandinaviska Jernbanor AB
SNCB Société Nationale des Chemins de fer Belges (Belgische Staatsbahn)
SNCF Société Nationale des Chemins de fer Français (Französische Staatsbahn)
SRI SRI Rail Invest GmbH
ST Sistemi Territoriali S.p.A.
SRT Swiss Rail Trafic AG
SWT Stahlwerk Thüringen GmbH, Unterwellenborn
TXL TX Logistik AG
TXL-S TX Logistik AB, Schweden
VC Veolia Cargo SAS
WLC Wiener Lokalbahnen Cargo GmbH

Länderzulassungen (nach ISO 3166)
AT Österreich
BE Belgien
CH Schweiz
CZ Tschechien
DE Deutschland
DK Dänemark
FR Frankreich
HU Ungarn
IT Italien
LU Luxemburg
NL Niederlande
NO Norwegen
PL Polen
SE Schweden
SK Slowakei

Sonstige Abkürzungen
EBA Eisenbahn-Bundesamt
EVU Eisenbahnverkehrsunternehmen
SPNV Schienenpersonennahverkehr

Unsere Fachhändler im In- und Ausland, geordnet nach Postleitzahlen

MMC Modellbahn-Center • EUROTRAIN Idee+Spiel-Fachgeschäft • Spielzeugring-Fachgeschäft
FH = Fachhändler • RW = Reparaturdienst und Werkstätten • H = Hersteller • A = Antiquariat • B = Buchhändler • SA = Schauanlagen

01187 Dresden
SCHILDHAUER-MODELLBAHN
Würzburger Str. 81
Tel.: 0351 / 27979215 • Fax: 0351 / 27979213
www.modellbahn-schildhauer.de
modellbahn-schildhauer@online.de
FH

01445 Radebeul
MODELLEISENBAHNEN
Grundkötter GmbH
Hauptstr. 22
Tel.: 0351 / 8308180 • Fax: 0351 / 8365950
www.modellbahn-radebeul.de • gruni64@aol.com
FH/RW

04159 Leipzig
bahnundbuch.de
Versandhandel für Fachliteratur, Videos, DVDs, CDs
Raustr. 12
Tel.: 0341 / 2682492 • www.bahnundbuch.de
B

10318 Berlin
MODELLBAHNBOX
KARLSHORST
Treskow-Allee 104
Tel.: 030 / 5083041
www.modellbahnbox.de
FH/RW/A EUROTRAIN

10589 Berlin
MODELLB. am Mierendorffplatz GmbH
Mierendorffplatz 16
Direkt an der U7 / Märklin-Shop-Berlin
Tel.: 030 / 3449367 • Fax: 030 / 3456509
www.Modellbahnen-Berlin.de
FH EUROTRAIN

10789 Berlin
MODELLBAHNEN TURBERG
Lietzenburger Str. 51
Tel.: 030 / 2199900
Fax: 030 / 21999099
www.turberg.de
FH/RW/A/B EUROTRAIN

12105 Berlin
MODELLBAHN PIETSCH GMBH
Prühßstr. 34
Tel./Fax: 030 / 7067777
www.modellbahn-pietsch.com
EUROTRAIN

14057 Berlin
BREYER MODELLEISENBAHNEN
Kaiserdamm 99
Tel./Fax: 030 / 3016784
www.breyer-modellbahnen.de
FH/RW/A

22083 Hamburg
MEISES ModellbahnCenter
MMC GmbH & Co. KG
Beethovenstr. 64
Tel.: 040/60563593 • Fax: 040/18042390
www.meises-mobacenter.de
FH/RW EUROTRAIN

22767 Hamburg
MODELLBAHN ALTONA
Dipl. Ing. Uwe Draabe
Ehrenbergstr. 72
Tel.: 040 / 3800819 • Fax: 040 / 3892491
www.1000Loks.de
FH/RW/A EUROTRAIN

25355 Barmstedt
MODELLBAHNEN HARTMANN
Reichenstr. 24
Tel.: 04123 / 6706
Fax: 04123 / 959473
Modellbahnen-Hartmann@t-online.de
FH/RW/B EUROTRAIN

28865 Lilienthal b. Bremen
HAAR
MODELLBAHN-SPEZIALIST
Hauptstr. 96
Tel.: 04298 / 916521 • Fax: 04298 / 916527
haar.lilienthal@vedes.de
FH/RW

30159 Hannover
TRAIN & PLAY
Modelleisenbahnen • Modellautos
Breite Str. 7 • Georgswall 12
Tel.: 0511 / 2712701
Fax: 0511 / 9794430
FH/RW/A

33102 Paderborn
EMS EXCLUSIV MODELL-SESTER
Friedrichstr. 7 • Am Westerntor
Tel.: 05251 / 184752 • Fax: 05251 / 184753
www.modellbahn-sester.de
info@modellbau-sester.de
FH/RW/A/B

34379 Calden
RAABE'S SPIELZEUGKISTE
An- und Verkauf von Modelleisenbahnen, Autos
Wilhelmsthalerstr. 11
Tel.: 05674/8234317 • wraabe@gmx.net
FH/RW/A

40217 Düsseldorf
MENZELS LOKSCHUPPEN
TÖFF-TÖFF GMBH
Friedrichstr. 6 • LVA-Passage
Tel.: 0211 / 373328
www.menzels-lokschuppen.de
FH/RW EUROTRAIN

42289 Wuppertal
MODELLBAHN APITZ GMBH
Heckinghauser Str. 218
Tel.: 0202 / 626457 • Fax: 0202 / 629263
www.modellbahn-apitz.de
FH MMC

44141 Dortmund
DER LOKSCHUPPEN
DORTMUND GMBH
Märkische Str. 227
Tel.: 0231 / 412920 • Fax: 0231 / 421916
www.Lokschuppen.com
FH EUROTRAIN

44289 Dortmund
MODELLBAHN & SPIELZEUG-LÄDCHEN
Sölder Str. 109
Tel.: 0157 / 53040771
spielzeuglaedchen@emailn.de

44339 Dortmund
MODELL TOM
• NEU • GEBRAUCHT • SERVICE •
Evinger Str. 484
Tel.: 0231 / 8820579 • Fax: 0231 / 8822536
www.modelltom.com
FH/RW

47058 Duisburg-Duissern
BUCHHANDLUNG
Jürgen Donat
Ottilienplatz 6 (Eingang Keetmanstr.)
Tel.: 0203 / 31738-20 • Fax: -44
info@buchhandlung-donat.de
B

48231 Warendorf
KIESKEMPER
Everswinkeler Str. 8
Tel.: 02581 / 4193
Fax: 02581 / 44306
www.kieskemper.de
FH/RW EUROTRAIN

49078 Osnabrück
J.B. MODELLBAHN-SERVICE
Lotter Str. 37
Tel.: 0541 / 433135
Fax: 0541 / 47464
www.jbmodellbahnservice.de
FH/RW EUROTRAIN

52062 Aachen
M. HÜNERBEIN OHG
Markt 11–15
Tel.: 0241 / 33921
Fax: 0241 / 28013
EUROTRAIN

53111 Bonn
MODELLBAHNSTATION
BONN
Römerstr. 23
Tel.: 0228 / 637420
FH EUROTRAIN

58135 Hagen-Haspe
LOKSCHUPPEN HAGEN HASPE
Vogelsanger Str. 36-40
Tel.: 02331 / 404453 Fax: 02331 / 404451
www.lokschuppenhagenhaspe.de
office@lokschuppenhagenhaspe.de
FH/RW MMC

63110 Rodgau
MODELL + TECHNIK
Ute Goetzke
Untere Marktstr. 15
Tel.: 06106 / 74291 • Fax: 06106 / 779137
info@mut-goetzke.de
FH

63225 Langen
MODELLBAHNEN
Werner & Dutine
Frankfurter Str. 9
Tel.: 06103 / 23548 • Fax: 06103 / 27872
www.werner-und-dutine.de
FH/RW

63654 Büdingen
MODELL & TECHNIK
RAINER MÄSER
Berliner Str. 4
Tel.: 06042 / 3930
Fax: 06042 / 1628
FH EUROTRAIN

67071 Ludwigshafen-Oggersh.
SPIELWAREN WERST
Schillerstraße 3
Tel.: 0621 / 682474
Fax: 0621 / 684615
www.werst.de • werst@werst.de
FH/RW

67146 Deidesheim
moba-tech
der modelleisenbahnladen
Bahnhofstr. 3
Tel.: 06326 / 7013171 • Fax: 06326 / 7013169
www.moba-tech.de • info@moba-tech.de
FH/RW

67655 Kaiserslautern
DiBa-MODELLBAHNEN
Königstr. 20-22
Tel./Fax: 0631 / 61880
geschaeft@diba-modellbahnen.de
FH/RW EUROTRAIN

69214 Eppelheim/Heidelberg
MODELLBAHN SCHUHMANN
Schützen-/Ecke Richard-Wagner-Str.
Tel.: 06221 / 76 38 86
Fax: 06221 / 768700
www.Modellbahn-Schuhmann.de
FH/RW EUROTRAIN

70180 Stuttgart
SUCH & FIND
An- + Verkauf von Modellbahnen
Mozartstr. 38
Tel. + Fax: 0711 / 6071011
www.suchundfind-stuttgart.de
A

71032 Böblingen
EISENBAHN UND MODELLBAU
B. Köngeter
Poststr. 44
Tel.: 07031 / 225677
FH/RW/B

71334 Waiblingen
EISENBAHNTREFFPUNKT
Schweickhardt GmbH & Co. KG
Biegelwiesenstr. 31
Tel.: 07151/937931 • Fax: 07151/34076
ets@modelleisenbahn.com
FH/RW/A/B EUROTRAIN

71638 Ludwigsburg
ZINTHÄFNER
Spiel – Freizeit
Solitudestr. 40
Tel.: 07141 / 925611
FH

72657 Altenriet bei Stuttgart
MODELLBAHNÖL SR-24
HANS WEISS
Im Breiten Baum 2
Tel.: 07127 / 35020 • Fax: 07127 / 21616
E-Mail: hans.weiss@geromail.de
H

72764 Reutlingen
EISENBAHNTREFFPUNKT
Schweickhardt GmbH & Co. KG
Metzgerstr. 13
Tel.: 07121 / 3474743
ets@modelleisenbahn.com
FH/RW/A/B EUROTRAIN

75339 Höfen
DIETZ MODELLBAHNTECHNIK + ELEKTRONIK
Hindenburgstr. 31
Tel.: 07081 / 6757
www.d-i-e-t-z.de • info@d-i-e-t-z.de
FH/RW/H

79098 Freiburg
SPIEL + HOBBY HANK GMBH
Bernhardtstr. 12
Tel.: 0761 / 39194
Fax: 0761 / 286620
www.spiel-hobby-Hank.de
FH/RW EUROTRAIN

79286 Glottertal
– DIE BÄHNLEWERKSTATT –
WEINERT/H0pur®-Fertigmodelle
Decoderservice, RP 25 Radsatzarbeiten
Tel.: 0172 / 9287602
www.baehnlewerkstatt.de
FH/RW

82110 Germering
AUTO-MODELLLBAHN-WELT
Germering Linden GbR
Untere Bahnhofstr. 50
Tel.: 089 / 89410120
Fax: 089 / 89410121
FH/RW/H

83352 Altenmarkt/Alz
MODELL-EISENBAHNEN
B. Maier
Traunsteiner Str. 4
Tel.: 08621 / 2834
Fax: 08621 / 7108
FH/RW EUROTRAIN

83410 Laufen
KKW MODELLEISENBAHN-ERSATZTEIL-SERVICE
(Roco/Fleischmann)
Tel.: 08682 / 7231 • Fax: 08682 / 7231
www.KKW-modellbahn-reparaturservice.de
RW

84307 Eggenfelden
MODELLBAHNEN VON A BIS Z
Roland Steckermaier
Landshuter Str. 16 • Tel.: 08721 / 910550
www.steckermaier.de
steckermaier@steckermaier.de
FH/RW EUROTRAIN

85567 Grafing
ZÜGE & ZUBEHÖR
Trains & Accessoires
Inh. Steffen Schmidt
Bahnhofstr. 9 • Tel.: 08092 / 85194-25
www.zuz-modellbahn.com
FH/RW/H/A

86199 Augsburg
AUGSBURGER LOKSCHUPPEN GMBH
Gögginger Str. 110
Tel.: 0821 / 571030 • Fax: 0821 / 571045
www.augsburger-lokschuppen.de
FH/RW

90419 Nürnberg
RITZER MODELLBAHN
Inh. Knoch
Kirchenweg 16
Tel.: 0911 / 346507 • Fax: 0911 / 342756
www.modellbahnritzer.de
FH/RW/A/B EUROTRAIN

90461 Nürnberg
LOKWERKSTATT G. BAUM
Ingolstädter Str. 261
Tel.: 0911 / 453075 • Fax: 0911 / 446211
www.lokwerkstatt-baum.de
info@lokwerkstatt-baum.de
RW

90478 Nürnberg
MODELLBAHN
Helmut Sigmund
Schweiggerstr. 5
Tel.: 0911 / 464927
EUROTRAIN

Erfolgreich werben und trotzdem sparen:
Eisenbahn JOURNAL
Tel.: 08141/53481-153

94161 Ruderting bei Passau
MODELLBAHNHAUS
Rocktäschel GdbR
Attenberg 1
Tel.: 08509 / 2036 Fax: • 08509 / 3819
www.modellbahn-rocktaeschel.de • rockt@t-online.de
FH/RW/A EUROTRAIN

94474 Vilshofen an der Donau
GIERSTER
Fa. Gierster-Wittmann oHG
Vilsvorstadt 11, 13, 15
Tel.: 08541 / 3979 • Fax: 08541 / 6753
modellbahn@gierster.de
FH/RW EUROTRAIN

95676 Wiesau
MODELLBAHN PÜRNER
Südweg 1
Tel.: 09634 / 3830 • Fax: 09634 / 3988
www.puerner.de
modellbahn@puerner.de
FH

97070 Würzburg
ZIEGLER MODELLTECHNIK
Textor Str. 9
Tel.: 0931 / 573691
www.modelltechnik-ziegler.de
FH/RW EUROTRAIN

99830 Treffurt
LOK-DOC MICHAEL WEVERING
Friedrich-Ebert-Str. 38
Tel.: 036923 / 50202 • 0173 / 2411646
www.lok-doc-wevering.de
simiwe@t-online.de
RW

Schweiz

CH-4051 Basel
BERCHER & STERNLICHT AG
Spalenberg 45
Tel.: 0041 / 61 / 2612550
Fax: 0041 / 61 / 2613083
www.berchersternlicht.ch
FH

CH-8712 Stäfa
OLD PULLMAN AG
P.O.Box 326 / Dorfstr. 2
Tel.: 0041 / 44 / 9261455
Fax: 0041 / 44 / 9264336
www.oldpullman.ch • info@oldpullman.ch
FH/H

Jürgen Nelkenbrecher

Eisenbahn in Berlin

Wechselvolle Zeiten von 1945 bis heute

EJ-Special 2/2015 erscheint im September 2015

Jürgen Nelkenbrecher

Baureihe 44

Starke Dreizylinderlok für schwere Güterzüge

EJ-Extra 2/2015 erscheint im November 2015

Eisenbahn JOURNAL

Gegründet von H. Merker
Erscheint in der Verlagsgruppe Bahn GmbH

Am Fohlenhof 9a, 82256 Fürstenfeldbruck
Tel. 0 81 41/5 34 81-0 • Fax 0 81 41/5 34 81-200
E-Mail: redaktion@eisenbahn-journal.de
Internet: www.eisenbahn-journal.de

Chefredakteur Gerhard Zimmermann

Redaktion Andreas Ritz, Dr. Christoph Kutter, Gideon Grimmel

Sonder-Ausgabe 2/2015: TRAXX-Familie

Autoren Jürgen Hörstel, Richard Latten, Thomas Wohlfarth

Mitarbeit Karl-Heinz Buchholz

Redaktion Andreas Ritz

Lektorat Manfred Grauer

Gestaltung Andrea Benedela, München

Verlagsgruppe Bahn GmbH VGB

Am Fohlenhof 9a, 82256 Fürstenfeldbruck
Tel. 0 81 41/5 34 81-0 • Fax 0 81 41/5 34 81-100

Geschäftsführung Manfred Braun, Ernst Rebelein, Horst Wehner

Verlagsleitung Thomas Hilge

Anzeigenleitung Bettina Wilgermein (Durchwahl -153)

Anzeigensatz und Anzeigenlayout Evelyn Freimann (Durchwahl -152), Regina Doll

Vertriebsleitung Elisabeth Menhofer (Durchwahl -101)

Vertrieb und Auftragsannahme Petra Schwarzendorfer (Durchwahl -107), Ingrid Haider (-108), E-Mail: bestellung@vgbahn.de

Sekretariat Katrin Bratzler

Außendienst, Messen Christoph Kirchner, Ulrich Paul

Marketing Thomas Schaller (Durchwahl -141), Karlheinz Werner (-142)

Vertrieb Pressegrosso und Bahnhofsbuchhandel MZV GmbH & Co. KG, Ohmstraße 1, 85716 Unterschleißheim, Postfach 12 32, 85702 Unterschleißheim, Tel. 089/3 19 06-0, Fax 089/3 19 06-113

Abo-Service MZV direkt GmbH, Postfach 104139, 40032 Düsseldorf, Tel. 0211/69 07 89-985, Fax 0211/69 07 89-70

Litho Fotolito Varesco Alfred GmbH, Südtirol

Druck Stürtz GmbH, Druck- und Mediendienstleistungen, Alfred-Nobel-Str. 33, 97080 Würzburg

Sonder 2/2015
ISBN 978-3-89610-414-4